Wissenschaftliche Reihe
Fahrzeugtechnik Universität Stuttgart

Reihe herausgegeben von
Michael Bargende, Stuttgart, Deutschland
Hans-Christian Reuss, Stuttgart, Deutschland
Jochen Wiedemann, Stuttgart, Deutschland

Das Institut für Verbrennungsmotoren und Kraftfahrwesen (IVK) an der Universität Stuttgart erforscht, entwickelt, appliziert und erprobt, in enger Zusammenarbeit mit der Industrie, Elemente bzw. Technologien aus dem Bereich moderner Fahrzeugkonzepte. Das Institut gliedert sich in die drei Bereiche Kraftfahrwesen, Fahrzeugantriebe und Kraftfahrzeug-Mechatronik. Aufgabe dieser Bereiche ist die Ausarbeitung des Themengebietes im Prüfstandsbetrieb, in Theorie und Simulation. Schwerpunkte des Kraftfahrwesens sind hierbei die Aerodynamik, Akustik (NVH), Fahrdynamik und Fahrermodellierung, Leichtbau, Sicherheit, Kraftübertragung sowie Energie und Thermomanagement – auch in Verbindung mit hybriden und batterieelektrischen Fahrzeugkonzepten. Der Bereich Fahrzeugantriebe widmet sich den Themen Brennverfahrensentwicklung einschließlich Regelungs- und Steuerungskonzeptionen bei zugleich minimierten Emissionen, komplexe Abgasnachbehandlung, Aufladesysteme und -strategien, Hybridsysteme und Betriebsstrategien sowie mechanisch-akustischen Fragestellungen. Themen der Kraftfahrzeug-Mechatronik sind die Antriebsstrangregelung/Hybride, Elektromobilität, Bordnetz und Energiemanagement, Funktions- und Softwareentwicklung sowie Test und Diagnose. Die Erfüllung dieser Aufgaben wird prüfstandsseitig neben vielem anderen unterstützt durch 19 Motorenprüfstände, zwei Rollenprüfstände, einen 1:1-Fahrsimulator, einen Antriebsstrangprüfstand, einen Thermowindkanal sowie einen 1:1-Aeroakustikwindkanal. Die wissenschaftliche Reihe „Fahrzeugtechnik Universität Stuttgart" präsentiert über die am Institut entstandenen Promotionen die hervorragenden Arbeitsergebnisse der Forschungstätigkeiten am IVK.

Reihe herausgegeben von
Prof. Dr.-Ing. Michael Bargende
Lehrstuhl Fahrzeugantriebe
Institut für Verbrennungsmotoren und
Kraftfahrwesen, Universität Stuttgart
Stuttgart, Deutschland

Prof. Dr.-Ing. Hans-Christian Reuss
Lehrstuhl Kraftfahrzeugmechatronik
Institut für Verbrennungsmotoren und
Kraftfahrwesen, Universität Stuttgart
Stuttgart, Deutschland

Prof. Dr.-Ing. Jochen Wiedemann
Lehrstuhl Kraftfahrwesen
Institut für Verbrennungsmotoren und
Kraftfahrwesen, Universität Stuttgart
Stuttgart, Deutschland

Weitere Bände in der Reihe http://www.springer.com/series/13535

Alexander Ahlert

Ein modellbasiertes Regelungskonzept für einen Gesamtfahrzeug-Dynamikprüfstand

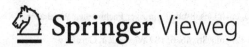 Springer Vieweg

Alexander Ahlert
IVK, Fakultät 7
Lehrstuhl für Kraftfahrwesen
Universität Stuttgart
Stuttgart, Deutschland

Zugl.: Dissertation Universität Stuttgart, 2020

D93

ISSN 2567-0042   ISSN 2567-0352   (electronic)
Wissenschaftliche Reihe Fahrzeugtechnik Universität Stuttgart
ISBN 978-3-658-30098-2   ISBN 978-3-658-30099-9   (eBook)
https://doi.org/10.1007/978-3-658-30099-9

Springer Vieweg ist ein Imprint der eingetragenen Gesellschaft Springer Fachmedien Wiesbaden
GmbH und ist ein Teil von Springer Nature.
Die Anschrift der Gesellschaft ist: Abraham-Lincoln-Str. 46, 65189 Wiesbaden, Germany

Vorwort

Die vorliegende Arbeit entstand im Rahmen meiner Tätigkeit als wissenschaftlicher Mitarbeiter am Institut für Verbrennungsmotoren und Kraftfahrwesen (IVK) der Universität Stuttgart im Bereich Fahrzeugtechnik und Fahrdynamik.

Mein besonderer Dank gilt Herrn Prof. Dr.-Ing. Jochen Wiedemann für die wissenschaftliche Betreuung der Arbeit und die Übernahme des Hauptberichts. Herrn apl. Prof. Dr.-Ing. habil. Michael Hanss danke ich für das Interesse, die angenehmen Gespräche sowie die freundliche Übernahme des Mitberichts.

Für das entgegengebrachte Vertrauen, die gewährten Freiheiten, die Anregungen und die Betreuung der wissenschaftlichen Tätigkeiten möchte ich mich insbesondere bei Herrn Dr.-Ing. Jens Neubeck sowie Herrn Dr.-Ing. Werner Krantz sehr bedanken.

Ferner möchte ich mich bei allen Kolleginnen und Kollegen des IVK und FKFS für das ausgezeichnete Arbeitsklima, die tolle Zeit und die Hilfsbereitschaft herzlich bedanken. Stellvertretend danke ich meinem langjährigen Bürokollegen Herrn Alexander Fridrich, M.Sc. für die abwechslungsreichen Gespräche, die intensiven fachlichen Diskussionen und die gegenseitige Unterstützung. An dieser Stelle möchte ich auch meinen langjährigen Prüfstandskollegen Herrn Dipl.-Ing. Daniel Zeitvogel hervorheben und bedanke mich bei ihm für die Durchsicht der Arbeit sowie die intensive Zusammenarbeit.

Auch den Mitarbeitern der MTS Systems Corporation, die die Entstehung des Fahrzeugdynamikprüfstands erst ermöglichten, möchte ich für Ihre ausgezeichnete Entwicklungs- sowie die angenehme Zusammenarbeit danken.

Weiterhin gilt mein Dank allen ehemaligen Studenten, die mich im Rahmen ihrer Bachelor-, Studien- und Masterarbeiten sowie studentischen Hilfstätigkeiten maßgeblich bei der Entstehung der vorliegenden Arbeit unterstützt haben.

Abschließend möchte ich mich vor allem bei meiner Lebensgefährtin Ksenia, meiner Tochter Sofia und meinen Eltern bedanken. Ohne den unermesslichen Rückhalt, die liebevolle Unterstützung, die Geduld und das Verständnis wären diese Arbeit sowie mein Studium nicht möglich gewesen. Diese Arbeit ist meiner Familie gewidmet.

Alexander Ahlert

Inhaltsverzeichnis

Abbildungsverzeichnis

Tabellenverzeichnis

Abkürzungs-, Symbol- und Formelverzeichnis

Abkürzungsverzeichnis

Abkürzung	Bedeutung
ADAS	Advanced Driver Assistance Systems
Akt.-Dyn.	Aktuatordynamik
BL	Boundary Layer
CAE	Computer-aided Engineering
CAN	Controller Area Network (Bussystem)
CGR	Center of Gravity Restraint / Schwerpunkt-Fesselungssystem
CT	Computed Torque
DAE	Differential-algebraic equation / Differential algebraische Gleichung
FB	Fahrbahn
FKFS	Forschungsinstitut für Kraftfahrwesen und Fahrzeugmotoren Stuttgart
FL	Front left – vorne links (Kennzeichnung der Radposition)
FR	Front right – vorne rechts (Kennzeichnung der Radposition)
HIL	Hardware in the Loop
HMS	Hybrid-mechanisches System
HRW	Handling Roadway, engl. Bezeichnung des Fahrzeugdynamikprüfstands
id. Akt.	Ideale Aktuatoren
IVK	Institut für Verbrennungsmotoren und Kraftfahrwesen, Universität Stuttgart
Komp.	Kompensation
MKS	Mehrkörpersystem

Abkürzung	Bedeutung
MP	Momentanpol
MPC	Model Predictive Control
ODE	Ordinary differential equation / gewöhnliches Differentialgleichungssystem
RK	Reifenkraftkopplung
RL	Rear left – vorne links (Andeutung der Radposition)
RM	Radmitte
RR	Rear right – vorne rechts (Andeutung der Radposition)
SLM	Sliding-Mode-Regelung / Regler
SP	Schwerpunkt
3D	räumlich, dreidimensional / drei Dimensionen

Formelverzeichnis

Zeichen	Einheit	Bedeutung
a	m/s^2 | rad/s^2	Beschleunigungsvektor
ΔA_j	–	Abweichung zwischen dem Fahrzeug auf der Straße und dem Hybrid-mechanischen System für verschiedene Kriterien j beim Sine-with-Dwell
A_M	–	Maximalwert beim Lenkradwinkelsprung
A_S	–	Stationärer Verstärkungsfaktor beim Lenkradwinkelsprung
c	–	Index, deutet die Steuersignale der Aktuatoren des HRW an und steht für command
C	–	Matrix der Zentrifugal- und Coriolis-Terme
C_i	–	Körperfeste Koordinatensysteme der Radträger
d	–	Index, steht für desired und deutet die gewünschte dynamische Verhalten bzw. die Solldynamik an
e_T	–	Relativer Fehler der Verzögerungszeit zwischen dem Fahrzeug auf der Straße und dem Hybrid-mechanischen System
E	–	Inertialkoordinatensystem
$f_{coupl,CGR}$	N | Nm	Kraftvektor der CGR-Reaktionsgrößen
$f_{aero,virt}$	N | Nm	Kraftvektor der aerodynamischen Kräfte und Momente auf den virtuellen Fahrzeugkörper
f^e	N | Nm	Kraftvektor der vom Stellgrößenvektor unabhängigen eingeprägten Kräfte und Momente
$\hat{f}^e$	N | Nm	Kraftwinder der eingeprägten Kräfte und Momente
$\hat{f}^c$	N | Nm	Kraftwinder der verallgemeinerten gyroskopischen Momente sowie Zentrifugal- und Corioliskräfte
$\hat{f}^p$	N | Nm	Gelenk-Reaktionskraftwinder
$\hat{f}^r$	N | Nm	Körper-Reaktionskraftwinder

Zeichen	Einheit	Bedeutung
F_q	N	Zentrifugalkraft
$F_{x/y,aero}$	N	Luftwiderstandskraft / Seitliche Luftkraft
$F_{x/y,CGR}$	N	Reaktionskraft im CGR in Längs- bzw. Querrichtung
$F_{x/y,T,i}$	N	Reifenkraft in Längs- bzw. Querrichtung
$F_{x/y,T,i,d}$	N	Sollvorgabe der Reifenkräfte in Längs- bzw. Querrichtung
$F_{z,ist}$	N	Realisierte Vertikalkraft der CGR-Aktuatoren
$\boldsymbol{g}$	N	Vektor der Gravitationsterme
$\boldsymbol{G}_c$	–	Eingangsmatrix für die Regelung
$\boldsymbol{G}_{virt}$	–	Eingangsmatrix für die Regelung des virtuellen Fahrzeugkörpers
$G_{\delta\dot{\psi}}$	1/s	Übertragungsfunktion der Gierrate auf eine Lenkradwinkeleingabe
$G_{\delta\varphi}$	–	Übertragungsfunktion des Wankwinkels auf eine Lenkradwinkeleingabe
$G_{\delta F_{y,FL}}$	N/°	Übertragungsfunktion der Reifenquerkraft vorne links auf eine Lenkradwinkeleingabe
i	–	Indexvariable für Radposition {FL, RL, FR, RR} / Zählvariable
I^z_{virt}	kgm^2	Gierträgheitsmoment des virt. Fahrzeugkörpers
I_{xx}, I_{yy}, I_{zz}	kgm^2	Hauptträgheitsmomente des Gesamtfahrzeugs
$\boldsymbol{J}$	–	Globale Jacobi-Matrix
$\boldsymbol{J}_i$	–	Jacobi-Matrix des jeweiligen Gelenks
$\boldsymbol{k}$	–	Vektor der modellbasierten Fehlerabschätzungen
$\boldsymbol{k}^c$	N | Nm	Vektor der generalisierten Coriolis-Kräfte und Momente
$\boldsymbol{k}^e$	N | Nm	Vektor der generalisierten eingeprägten Kräften

Zeichen	Einheit	Bedeutung
k_i	–	Modellbasierte Fehlerabschätzung für die Regelung
K_D, K_P	–	Reglerparametermatrizen
l_v	m	Abstand der Vorderachse zum Fahrzeugschwerpunkt in Fahrzeuglängsrichtung
l_h	m	Abstand der Hinterachse zum Fahrzeugschwerpunkt in Fahrzeuglängsrichtung
m	kg	Masse des Fahrzeugs
m_{virt}	kg	Masse des virt. Fahrzeugkörpers
M	kg | kgm^2	Generalisierte Massenmatrix
M_{virt}	kg | kgm^2	Generalisierte Massenmatrix des virtuellen Fahrzeugkörpers
$M_{z,aero}$	Nm	Luftgiermoment
$M_{x/y,ist}$	Nm	Realisiertes Wank- bzw. Nickmoment der CGR-Aktuatoren
$M_{z,CGR}$	Nm	Gierreaktionsmoment im CGR
q	m | rad	Gelenkkoordinaten vom Modell „Fahrzeug auf dem HRW"
$\tilde{q}$	m | rad	Folgefehlervektor auf Positionsebene
$\ddot{q}_{HRW}$	m/s^2 | rad/s^2	Gelenkbeschleunigungen des Hybrid-mechanischen Systems. Entsprechen dem dynamischen Verhalten bzw. der Dynamik des Hybrid-mechanischen Systems
$\dot{q}_r$	m/s | rad/s	Vereinfachungsvariable
$\ddot{q}_{STR}$	m/s^2 | rad/s^2	Gelenkbeschleunigungen des Fahrzeugs auf der Straße. Entsprechen dem gewünschten dynamischen Verhalten des Fahrzeugs auf der Straße
q_{virt}	m | rad	Gelenkkoordinaten des virtuellen Fahrzeugkörpers

Zeichen	Einheit	Bedeutung
s	–	Vektor der Schaltfunktionen / sliding surface / sliding variable
s_i	–	Schaltfunktionen / sliding surface / sliding variable
t	s	Zeit
${}^{j}T_i$	–	Transformationsmatrix von KOS i nach KOS j
T_0	s	Definierter Zeitpunkt beim Sine-with-Dwell
ΔT_j	s	Zeitversatz zwischen dem Fahrzeug auf der Straße und dem Hybrid-mechanischen System für verschiedene Kriterien j beim Sine-with-Dwell
T_Z	s	Verzögerungszeit
u_c	–	Stellgrößenvektor für die Regelung im modularen, erweiterten Regelungskonzept
u_m	–	Stellgrößenvektor der Modellinversion
u_s	–	Regleranteil am Stellgrößenvektor
u_{virt}	–	Stellgrößenvektor zur Regelung des virtuellen Fahrzeugkörpers
u_δ	–	Vektor der Fahrereingaben
v	–	Virtuelle Stellgröße beim Computed-Torque
v_{virt}	m/s	Translatorischer Geschwindigkeitsvektor des virtuellen Fahrzeugkörpers
${}^{VK}_{VE}v_{virt,RM,i}$	m/s	Vektorielle Geschwindigkeit vom Inertialsystem VE zur Radmittenposition des virtuellen Fahreugkörpers im VK-System
$\hat{v}$	m/s	Bewegungswinder der räumlichen Geschwindigkeiten
$\overline{v}$	m/s	Bewegungswinder der lokalen Geschwindigkeiten
$v_{B,i,c}$	m/s	Steuerbefehl: Bandgeschwindigkeit
$v'_{B,i,c}$	m/s	Steuerbefehl: Bandgeschwindigkeit bei einer überlagerten Aktuatorregelung

Zeichen	Einheit	Bedeutung
$v_{B,i,ist}$	m/s	Istgröße: realisierte Bandgeschwindigkeit
$v_{B,i,c}^{R}$	m/s	Steuerbefehl: Bandgeschwindigkeit bei Reifenkraftregelung
v_i	m/s	Geschwindigkeit der Radmittelpunkte
v_{Fzg}	m/s	Absolutgeschwindigkeit eines Fahrzeugs
$v_{x/y,RM,i}$	m/s	Geschwindigkeitskomponente in Radmittenposition des virtuellen Fahrzeugkörpers im VK-System
V	–	Körperfestes Koordinatensystem des Fahrzeugaufbaus
V_L	–	Lyapunov-like Funktion
VE	–	Inertialsystem des virtuellen Fahrzeugkörpers
VK	–	Körperfestes Koordinatensystem des virtuellen Fahrzeugkörpers
W_i	–	Körperfeste Koordinatensysteme der Räder
$\boldsymbol{x}$	–	Zustandsvektor
x	–	Variable
x_V	m	Längsposition des Aufbauschwerpunkts
x_{virt}	m	Längsposition des virtuellen Fahrzeugkörpers im Inertialsystem
$\boldsymbol{y}$	–	Ausgangsvektor
y_V	m	Querposition des Aufbauschwerpunkts
y_{virt}	m	Querposition des virtuellen Fahrzeugkörpers im Inertialsystem
$\boldsymbol{Y}, \boldsymbol{Y}_R$	–	Matrixfunktion: Regressor
z_V	m	Vertikale Aufbauschwerpunktsposition
z_i	m	Radträgereinfederungsposition
$z_{B,i,c}$	m	Steuerbefehl: vertikale Position der Flachbandeinheit

Zeichen	Einheit	Bedeutung
$z'_{B,i,c}$	m	Steuerbefehl: vertikale Position der Flachband-einheit bei einer überlagerten Aktuatorregelung
$z_{B,i,ist}$	m	Istgröße: realisierte vertikale Position der Flachbandeinheit
α_i	rad	Schräglaufwinkel
β	rad	Schwimmwinkel / Fahrbahnquerneigung
δ_i	rad	Radlenkwinkel
$\delta_{L,c}$	rad	Steuerbefehl: Lenkradwinkel
$\delta_{P,c}$	–	Steuerbefehl: Fahrpedalstellung
$\delta_{B,c}$	–	Steuerbefehl: Bremspedalstellung
$\delta_{K,c}$	–	Steuerbefehl: Kupplungspedalstellung
$\delta_{G,c}$	–	Steuerbefehl: Wahl der Gangstufe
$\zeta_{B,i,c}$	rad	Steuerbefehl: Bandwinkel
$\zeta^R_{B,i,c}$	rad	Steuerbefehl: Bandwinkel bei Reifenkraftregelung
$\zeta'_{B,i,c}$	rad	Steuerbefehl: Bandwinkel bei einer überlagerten Aktuatorregelung
$\zeta_{B,i,ist}$	rad	Istgröße: realisierter Bandwinkel
$\boldsymbol{\eta}$	m/s | rad/s	Gelenkgeschwindigkeiten vom Modell „Fahrzeug auf dem HRW"
$\boldsymbol{\eta}_{virt}$	m/s | rad/s	Gelenkgeschwindigkeiten des virtuellen Fahrzeugkörpers
θ_V	rad	Nickwinkel
λ_i	–	Reglerparameter bei der Sliding-Mode-Regelung
$\boldsymbol{\Lambda}$	–	Reglerparametermatrix
ρ_i	rad	Raddrehwinkel der Radposition i
σ_i	–	Variablen der Sliding-Condition
ϕ_i	–	Reglerparameter der Boundary Layer

Zeichen	Einheit	Bedeutung
$\phi_{\delta\psi}$	°	Phasenverschiebung der Übertragungsfunktion der Gierrate auf eine Lenkradwinkeleingabe
$\phi_{\delta\varphi}$	°	Phasenverschiebung der Übertragungsfunktion des Wankwinkels auf eine Lenkradwinkel-eingabe
$\phi_{\delta F_{y,FL}}$	°	Phasenverschiebung der Übertragungsfunktion der Reifenquerkraft vorne links auf eine Lenkradwinkeleingabe
φ_V	rad	Wankwinkel
ψ_V	rad	Gierwinkel
ψ_{virt}	rad	Gierwinkel des virtuellen Fahrzeugkörpers
✓	–	hohe Übereinstimmung des Fahrmanövers
○	–	annehmbare Übereinstimmung des Fahrmanövers
✗	–	geringe Übereinstimmung des Fahrmanövers

Notation für physikalische Vektoren

$\boldsymbol{x}$	Matrizen und Vektoren werden durch fett geschriebene Variablen gekennzeichnet
$\hat{\boldsymbol{x}}$	Räumliche Koordinaten
$\boldsymbol{x}^{\mathrm{T}}$	Transponierte Matrix / Transponierter Vektor
$\overline{\hat{\boldsymbol{x}}}$	Lokale Beschleunigungen / Geschwindigkeiten in räumlichen Koordinaten
x	Skalare Variable
$\dot{x}$	Zeitableitung
$\ddot{x}$	Zweifache Zeitableitung
$\bar{x}$	Modellabschätzung
$\vec{x}$	Fehler bzw. Abweichung zwischen zwei Größen
$x_{,c}$	Index ",c" deutet die Steuersignale der Aktuatoren des HRW an und steht für „command"
$x_{,d}$	Index ",d" deutet das gewünschte dynamische Verhalten bzw. die Solldynamik an und steht für desired
$x_{,ist}$	Index ",ist" deutet die messbare Istgröße der Aktuatoren des HRW an

Physikalische Größen werden im Internationalen Einheitensystem (SI) eingeführt. Zum besseren Textverständnis oder aufgrund etablierter Konventionen werden teilweise auch die im jeweiligen Kontext gebräuchlichen Einheiten benutzt, z. B. mm, ° oder km/h.

Zusammenfassung

In der Automobilindustrie besteht fortwährend die Notwendigkeit, den Entwicklungsprozess zu verbessern und an innovative Technologien und gesellschaftliche Rahmenbedingungen anzupassen. Innovationen, wie Fahrerassistenz- oder integrierte Fahrdynamikregelsysteme, führen gleichzeitig zu einer immer weiter wachsenden Gesamtsystemkomplexität. Dennoch herrscht weiterhin der Wunsch nach kürzer werdenden Entwicklungszeiten und effizienter sowie kostengünstiger Fahrzeugentwicklung. Um diesem Zielkonflikt zu begegnen, werden neue Entwicklungsmethoden und -werkzeuge benötigt. Ein solches Werkzeug ist der Stuttgarter Fahrzeugdynamikprüfstand (englisch: Handling Roadway – HRW). Der HRW ist ein innovativer Gesamtfahrzeugprüfstand. Er ermöglicht es erstmals, die überlagerte Längs-, Quer- und Vertikaldynamik von Fahrzeugen unter Laborbedingungen ganzheitlich zu untersuchen. Dadurch eröffnet sich ein breites Anwendungsspektrum für aktuelle und zukünftige Technologien. So kann beispielsweise der klassische Fahrversuch unterstützt, das Zusammenspiel neuartiger Antriebs- und Fahrwerkskonzepte erprobt oder die Applikation von Fahrdynamikregelsystemen beschleunigt werden.

Mit dem vom Prüfstandshersteller bereitgestellten modularen Software- und Regelungskonzept des HRW kann dieser für unterschiedliche Versuchsarten genutzt werden. Es können unter anderem realistische Gesamtfahrzeugreaktionen auf Fahrereingaben oder Störanregungen untersucht werden. Hierfür ist es notwendig, einige Freiheitsgrade des Fahrzeugs zu sperren, damit dieses den Prüfstand nicht verlässt. Um die ganzheitliche Fahrzeugdynamik dennoch untersuchen zu können, werden die gesperrten Freiheitsgrade in der Simulation abgebildet. Bei diesem grundlegenden Funktionsprinzip entsteht ein Hybrid-mechanisches System, das aus einer gekoppelten Dynamik des Systems „Fahrzeug auf dem HRW" und einem einfachen Simulationsmodell besteht.

Darauf aufbauend verfolgt die vorliegende Arbeit zwei Ziele. Das erste Ziel ist die Analyse der Übereinstimmung der Fahrzeugdynamik auf dem HRW zum Fahrversuch auf der Straße im Rahmen des bereitgestellten Funktionsprinzips. Hieraus ergibt sich dann das Hauptziel dieser Arbeit, die Entwicklung eines erweiterten Regelungskonzepts, um die bereits hohe Übereinstimmung weiter zu erhöhen. Innerhalb der Arbeit erfolgt die Umsetzung beider Ziele nur in der Simulation, weil der reale Prüfstand während der Forschungsarbeiten noch nicht zur Verfügung stand. Deshalb wird eine Simulationsumgebung mit komplexen Mehrkörpermodellen aufgebaut und genutzt, die auch zukünftig eine ganzheitliche Nutzung des realen Prüfstands in Kombination mit virtueller Entwicklung ermöglicht. Bei allen hier vorgestellten Simulationsergebnissen wird der Fokus auf die Querdynamik gelegt, da die Analyse der Querdynamik am Gesamtfahrzeug mit einem Prüfstand bisher nicht möglich war. Zudem liegt beim querdynamischen Fahrzeugverhalten auf dem Prüfstand aufgrund von prinzipbedingten Unterschieden zur Fahrzeugdynamik auf der Straße das größte Verbesserungspotenzial in Bezug auf die angestrebte Übereinstimmung vor. Zur Analyse der Querdynamik werden standardisierte Fahrmanöver, wie z. B. das Sine-with-Dwell-Manöver für die Simulationsanalysen verwendet. Ferner wird ein Beispiel eines ganzheitlichen Fahrmanövers aus dem aktuellen Stand der Forschung gezeigt. Hierbei werden zu zwei der wichtigsten prinzipbedingten Unterschiede, den Einflüssen der Fahrzeugfesselung auf die grundsätzliche Systemdynamik und die Verzögerung durch die Aktuatoren, erstmals ausführliche Simulationsanalysen vorgestellt

Das Ergebnis der theoretischen Analysen zum ersten Ziel ist, dass die Fahrzeugdynamik auf dem Prüfstand unter idealisierten Bedingungen bereits mit dem im Lieferumfang befindlichen Funktionsprinzip bei vielen Fahrmanövern sehr realistisch ist. Zudem geht hervor, dass die Abbildung der Querdynamik eine Schlüsselrolle zur weiteren Erhöhung der Übereinstimmung spielt, während die Längs- sowie Vertikaldynamik bereits eine nahezu optimale Übereinstimmung aufweisen. Die Analysen zeigen ferner, dass auch in der Realität mit erheblichen Einflüssen durch die vorhandenen Nichtlinearitäten sowie Kopplungseffekte der ganzheitlichen Fahrzeugbewegung zu rechnen ist. Auch die zusätzlichen Verzögerungen auf dem HRW durch die Aktuatordynamik, z. B. beim Schräglaufwinkelaufbau, sind nicht vernachlässigbar.

Basierend auf diesen Erkenntnissen wird das grundlegende Funktionsprinzip deshalb um ein modulares, erweitertes Regelungskonzept weiterentwickelt. Dieses Konzept berücksichtigt theoretisch alle prüfstandbedingten Restriktionen sowie Fehlerquellen und hat das Potenzial, die bestmögliche Übereinstimmung zum Fahrversuch auf der Straße zu erzielen. Um den Umfang der Arbeit zu beschränken, werden allerdings nur die modellbasierten Regler zur Kompensation der zwei oben genannten Ursachen vorgestellt. Um die Fahrzeugdynamik auf der Straße mit dem Prüfstand reproduzieren zu können, wird die Methode der modellbasierten, nichtlinearen Trajektorienfolgeregelung genutzt. Hierzu wird das System „Fahrzeug auf dem HRW" durch ein echtzeitfähiges, räumliches Fahrzeugmodell der Special-Purpose-Toolklasse basierend auf der Methode der Mehrkörpersysteme modelliert. Dieses Modell verwendet Kinematik-Kennfelder zur Abbildung der nichtlinearen Kinematik der Radaufhängungen. Die Herleitung der dazugehörigen Bewegungsgleichungen erfolgt computerbasiert anhand eines systematischen Prozesses mit Hilfe symbolischer Berechnungsverfahren. Die Gleichungen liegen dann in analytischer Form vor und können neben dem Reglerentwurf für den HRW auch z. B. für klassische Simulationen zur Fahrzeugdynamik auf der Straße genutzt werden. Somit wird mit diesem Modell nicht nur ein Beitrag für die Regelung und virtuelle Entwicklung des HRW geleistet, sondern auch die Simulationsmethodik im vorliegenden Forschungskontext verbessert. Zur Regelung des Fahrzeugdynamikprüfstands wird das genannte Fahrzeugmodell dann für den nichtlinearen Reglerentwurf mit der Computed-Torque-Methode sowie den Methoden der Sliding-Mode-Regelung genutzt. Die anschließende Verifikation der Regler erfolgt unter Berücksichtigung von eingeführten Parameterunsicherheiten sowie unmodellierter Dynamik anhand von komplexen Mehrkörpermodellen. Hierzu werden dieselben Simulationsanalysen wie mit dem grundlegenden Funktionsprinzip durchgeführt.

Das Ergebnis der dazugehörigen, simulativen Analysen ist, dass das Verbesserungspotenzial nahezu ausgeschöpft wird und theoretisch die Fahrzeugdynamik auf der Straße mit dem Prüfstand nahezu ideal reproduziert werden kann. Zum Beispiel werden bei der Simulation der querdynamischen Fahrmanöver objektive Übereinstimmungswerte von über 99 % zwischen der Fahrzeugdynamik auf der Straße und auf dem HRW erzielt. Damit wird durch diese Arbeit ein Beitrag zur Erhöhung der Übereinstimmung zum Fahrversuch auf der Straße geleistet. Gleichzeitig entstehen Vorteile für die angedachte Forschung mit dem HRW sowie für den späteren, regulären Prüfstandsbetrieb.

Abschließend wird angemerkt, dass einige prinzipbedingte Unterschiede, beispielsweise durch den unterschiedlichen Kontakt zwischen Reifen und Fahrbahn auf der Straße bzw. zwischen Reifen und Prüfstandsflachband auf dem HRW, in der Realität immer einen begrenzenden Faktor für die Übereinstimmung der Absolutergebnisse zwischen Straßen- und Prüfstandsmessungen darstellen werden. Dieser Faktor wurde in der hier erfolgten, simulativen Analyse bewusst ausgeklammert. Stattdessen wurden idealisierte Bedingungen genutzt, um die grundsätzlichen Unterschiede in der Systemdynamik besser verstehen, analysieren und quantifizieren zu können. Erste Vorarbeiten, um solche prinzipbedingten Unterschiede zu kompensieren oder zu berücksichtigen, wurden im Rahmen laufender Forschungstätigkeiten bereits durchgeführt und sind weiterhin Teil laufender sowie zukünftiger Forschung. Im entwickelten, modularen Regelungskonzept sind die prinzipbedingten Unterschiede bereits in der Reglerarchitektur berücksichtigt. Die konkrete Umsetzung einzelner Teilaspekte des Konzepts sowie der hier vorgestellten Regler am realen HRW ist Gegenstand weiterer Forschungsarbeiten.

Abstract

The automotive industry is faced with a continuous necessity to improve the development process as well as to adapt to innovative technologies and societal framework conditions. Mechatronic system concepts and innovations like Advanced Driver Assistance Systems or integrated vehicle dynamics control algorithms lead to a steadily increasing overall system complexity. At the same time, decreasing development times and efficient as well as cost-effective vehicle development cycles are requested.

In order to overcome this conflict of objectives, new development methods and tools are needed. One of these tools is the Stuttgart Handling Roadway (HRW), an innovative overall vehicle dynamics test system. The HRW enables to evaluate the overall 3D vehicle dynamics, i.e. the coupled longitudinal, lateral and vertical dynamics, holistically under laboratory conditions. Thus, a wide range of applications for present and future technologies is established. For example, classical road testing can be supported or the interaction of novel drivetrain and suspension concepts can be tested. Furthermore, it is possible to accelerate the control unit development and calibration process for e.g. innovative vehicle dynamics control systems.

Due to his modular software concept and architecture, which is supplied by the test bench manufacturer, the HRW can be used for different types of testing. Among other things, it will enable to evaluate the overall vehicle dynamics behavior with regard to driver and disturbance inputs, featuring the advantages of a fully controlled test bench environment. Especially repeatability under controlled and safe laboratory conditions is pointed out at this point.

On the HRW, the vehicle is positioned on flat belts, which are powered by dynamic electric motors. Thus, the wheels of the vehicle can spin. In addition, hydraulic vertical actuators are used to move the flat belt units in vertical direction in order to excite the suspension in vertical direction. The overall flat belt unit can also be rotated individually about their vertical axis using additional hydraulic belt angle actuators. This creates slip angles at the wheels generating lateral tire forces.

To prevent the vehicle from leaving the test bench, it is necessary to restraint some degrees of freedom of the vehicle body. A sophisticated vehicle restraint system called 'Center of Gravity Restraint' (CGR) is used. It restrains the vehicle in longitudinal as well as lateral direction and prevents it from rotating about the vertical axis (yaw motion). However, the degree of freedom in vertical direction is maintained and the vehicle body is able to rotate about its longitudinal (roll motion) and lateral axis (pitch motion). The degrees of freedom of other subsystems, like the wheel suspension or the steering system, remain free. Moreover, additional downforce actuators of the CGR are used to apply forces and moments to the vehicle body to simulate for example aerodynamic forces or wind.

During testing the vehicle can be freely rolling or powered by its own drivetrain. The steering wheel, gear lever and pedals of the vehicle are operated by a state-of-the-art robot driver, which is controlled by a real-time controller. Thus, open and closed loop maneuvers can be performed.

To evaluate the overall 3D vehicle dynamics and to perform vehicle maneuvers as on the road, the restrained degrees of freedom of the vehicle body are simulated. The associated fundamental operation principle creates a hybrid mechanical system (HMS), which arises from coupling the real system 'vehicle on the HRW' and a virtual vehicle body. Thereby, the goal and challenge is to control the HRW such that the dynamics of the hybrid mechanical system is as comparable as possible to the vehicle dynamics on the road.

This work focuses on two major points. First, analyzing the comparability of the hybrid mechanical system to the vehicle dynamics on the road by the use of the fundamental operation principle and second, developing an enhanced control concept in order to further increase the comparability.

The resulting connection of the test bench, the used vehicle and the simulation environment generates a complex dynamical system. The complexity results from the coupled, nonlinear system dynamics, merging involved disciplines like technical dynamics, control engineering as well as vehicle, test bench and simulation technology. Therefore, the scientific analysis and further development of the HRW and the hybrid mechanical system is a challenging task, especially due to the fact, that according process chains, scientific methods or experience values are not available yet. For this reason, development and research on and with the HRW started with the use of simulation methods in parallel to its commissioning. The background of this approach is not only to win time, but also because the complex overall system can be analyzed and handled better in simulation. The scientific results and developments of this thesis were also elaborated by the use of simulation methods simultaneously to the design, production and commissioning of the HRW by its manufacturer MTS Systems Corporation. A simulation environment with models of different complexity was designed, which will also allow a holistic use of the real test bench in combination with virtual development methods in the future.

Because of the working principle of the HRW, restrictions and sources of error are accompanied and lead to differences in comparison to the vehicle dynamics on the road. They are discussed in detail in this work. Additionally, simulation analyses with respect to comparability between the dynamics of the hybrid mechanical system and the vehicle dynamics on the road are presented for the first time. Thereby, detailed simulation results and analyses regarding the influence of restraining the vehicle on its fundamental dynamics and the delay due to the actuators of the HRW are presented here. Both effects are summarized under the term 'system-dynamic differences'. Complex multibody simulation models are used for this task and the comparability is evaluated qualitatively as well as quantitatively. Different driving maneuvers are used for this purpose, addressing longitudinal, lateral and vertical dynamics. In this thesis, the focus for all simulations is placed on lateral vehicle dynamics, because it is a technical novelty with regard to a test bench application. Additionally, the lateral vehicle dynamics on the HRW has the highest potential for improvement with regard to the comparability to the vehicle dynamics on the road. Consequently, the standardized maneuvers 'steering wheel angle step' and 'sine with dwell' with an associated objective evaluation methodology to assess the comparability between the vehicle dynamics on the road and on the HRW are presented in detail. Furthermore, an example for a holistic driving maneuver is shown, where the vehicle crosses a transverse sinusoidal low-frequency bump at high speed with a significant lateral acceleration.

The following conclusions can be summarized from the simulation results with the fundamental operation principle. The dynamics of the hybrid mechanical system is under idealized conditions already comparable to the vehicle dynamics on the road for most performed maneuvers or scenarios. Nevertheless, the lateral vehicle dynamics on the HRW has considerable differences to the vehicle dynamics on the road for some cases. At the same time, the isolated longitudinal and vertical dynamics have in principle a high comparability. Consequently, the overall results lead to the conclusion that improving lateral vehicle dynamics plays a key role for the goal of achieving a high comparability to road testing. The comparability is subjectively as well as objectively depending on different influences and framework conditions like vehicle velocity, driving maneuver, achieved lateral acceleration and the tire operation-range. A complex interrelation regarding these points is observed.

Basically, it can be stated for lateral dynamics maneuvers, the higher the steering wheel excitation frequency and amplitude, the higher the differences due to e.g. neglected Coriolis and centrifugal effects or differences in the roll axis. The comparability is also higher for higher speeds, but there is again a decreasing tendency when it comes to speeds about 200 km/h. Furthermore, it is observed that the hybrid mechanical system has less damping in comparison to road tests. An explanation might be the different role axis and the missing damping effect of the tires, because the vehicle on the HRW can't slip sideways. These effects also lead to a small increase of the eigenfrequencies, e.g. of the yaw dynamics. Finally, the belt angle actuators and their dynamics have a significant effect on the overall lateral dynamics of a vehicle on the HRW, even if their cut-off frequency is reasonably higher than the exciting steering wheel frequency.

Based on the discussion on present restrictions as well as the simulation results, the main focus of this thesis is to develop an enhanced control concept in order to further increase the comparability to the situation on the road. The enhanced control concept takes into account all test bench related restrictions and sources of error and is based on the fundamental operation principle. It allows achieving a high comparability to vehicle maneuvers on the road. However, to limit the scope of this work, only controllers for the compensation of the system-dynamic differences are presented. Other control algorithms, like tire force controllers or enhanced actuator control algorithms with a two degree of freedom control architecture, are not covered. The tire force controllers compensate for differing tire behavior due to differences in tire-road contact interactions. The enhanced actuator control algorithms further improve and accelerate the resulting actuator dynamics of the HRW with predictive control approaches.

In order to match or replicate the vehicle dynamics on the road with the HRW and to compensate the system-dynamic differences, a new approach with the concept of trajectory tracking control is introduced. A reference system is established, which represents the vehicle dynamics on the road through sophisticated simulation models or real road test measurements. The task of the trajectory tracking control approach is then to control the hybrid mechanical system such that it follows the motion, respectively dynamics, of the reference system. As a consequence, the dynamics of the reference system is imprinted on the hybrid mechanical system. When controlled accurately, the resulting behavior of the system corresponds to the specified vehicle dynamics on the road and consequently, the system-dynamic differences are compensated.

To enable a model-based control design within the compensation algorithm for the system-dynamic differences, a real-time capable, spatial vehicle dynamics model, similar to the class of special-purpose-tools, is developed by the use of the multibody systems approach. This model uses kinematic tables to describe the nonlinear kinematics of wheel suspensions. A computer-based, automatized derivation of the associated equations of motion is realized by a systematic process with the aid of symbolic computation methods. Thus, the equations of motion are available in analytical form and can be easily used to derive control laws for the hybrid mechanical system or to simulate the vehicle dynamics on the HRW. Apart from the HRW application, the developed vehicle model and the derivation process can be used to describe and simulate the vehicle dynamics on the road. Therefore, it can also be used for classical vehicle dynamics research and engineering tasks like the development of vehicle dynamics control algorithms or parameter identification. Consequently, this model not only contributes to the enhanced control and virtual development of the HRW, but also to an improved simulation methodology within the addressing research area.

For the actual trajectory tracking control task, model-based, nonlinear control methods are used. Based on the mentioned vehicle model, control laws are derived by the use of the methods from computed torque and sliding mode control. To avoid the well-known chattering effect accompanied with sliding mode control, the boundary layer approach is used.

The resulting controllers are verified by simulation analyses with complex multibody system models, which include parameter uncertainties and unmodeled dynamics. Thereby, the same maneuvers are used like with the fundamental operation principle. The designed sliding mode controllers achieved slightly better results than the computed torque controllers. Still, the control performance of both approaches was nearly optimal. This indicates the high model validity of the mentioned vehicle model, which was used as a plant model for controller design. Furthermore, this result underlines the importance of accurately modeling the plant system within the control design process, if a high controller performance is desired.

All in all, this thesis provides a simulation based proof, that the dynamics of the hybrid mechanical system is generally comparable to the vehicle dynamics on the road. Nevertheless, a potential for improvement is present for some applications and driving maneuvers. The developed enhanced control concept and the associated controllers nearly fully cover this potential. For example, the simulation results of the isolated lateral dynamics maneuvers show characteristic comparability values of over 99 %, which means that a nearly ideal reproduction of the vehicle dynamics on the road is achieved. Pointing out the crucial lateral dynamics, this applies for the linear as well as the nonlinear tire and vehicle dynamics operation range.

In conclusion, this work contributes to a better understanding and further increase of the comparability of test maneuvers with a vehicle on the HRW with respect to driving maneuvers on the road. Moreover, a new testing methodology with the HRW is established by the trajectory tracking approach. These contributions will lead to advantages for the future test bench operation and research work.

Finally, it is mentioned, that differences due to the working principle of the HRW, like differences in the tire-contact behavior between tire and road and between tire and flat belt surface, respectively, will in reality always pose a limiting factor regarding the comparability of the absolute results between road and test bench measurements. Those factors are excluded in the presented simulation analyses knowingly. Instead, idealized conditions were assumed, in order to isolate the system-dynamic differences, according to the principle divide et impera. Thus, the essential, complex system-dynamic differences could be studied, understood and quantified more easily. Nonetheless, first preliminary studies to compensate the differences due to the working principle of the HRW, like the tire-contact behavior, are already carried out. The according methods and research activities are part of ongoing and future research work. They are considered in the developed, enhanced control concept and associated control architecture of this work. At last, the actual implementation and realization of individual parts of this concept as well as the presented controllers of this thesis on the real HRW is part of current and further research.

1 Einleitung

Motivation

Die Automobilindustrie wird mit dem Zielkonflikt kürzer werdender Entwicklungszeiten bei gleichzeitiger Zunahme der Gesamtsystemkomplexität durch stetige Innovationen konfrontiert. Hinsichtlich der Fahrdynamik können hier z. B. die Felder der Fahrdynamikregelsysteme oder das autonome Fahren genannt werden. Die damit verbundenen Eingriffe in das Fahrzeugverhalten durch Regelungskonzepte, wie z. B. die integrierte Fahrdynamikregelung, beeinflussen gleichzeitig die Längs-, Quer- und Vertikaldynamik [22, 30, 60, 91, 95, 99, 108, 137]. Die klassische Aufteilung [6, 17, 93, 113, 147, 150] in diese drei isolierten Dynamiken verschwimmt zunehmend und es wird notwendig, die Fahrzeugdynamik ganzheitlich zu betrachten [15, 23, 99, 100, 102].

Aus diesem Grund wird die damit verbundene Forschung im Bereich der ganzheitlichen 3D-Fahrzeugdynamik, also der gekoppelten Längs-, Quer- und Vertikaldynamik, immer wichtiger. Hierfür werden geeignete Entwicklungswerkzeuge benötigt, die sowohl die 3D-Fahrzeugdyamik adressieren, als auch dem genannten Zielkonflikt aus steigender Komplexität und kürzeren Entwicklungszeiten begegnen. Zur Entwicklung und Bewertung der 3D-Fahrzeugdynamik werden heutzutage hauptsächlich Methoden des Computer-aided Engineering (CAE) oder der klassische Fahrversuch auf der Straße verwendet. Durch die ganzheitliche Betrachtung der komplexen, nichtlinearen Gesamtsystemdynamik steigt aber auch die Bedeutung von Prüfstandsversuchen. Durch diese kann beispielsweise eine hohe Reproduzierbarkeit der Versuche und eine Reduktion von Umgebungseinflüssen gewährleistet werden [27].

Etablierte Prüfstände können bisher entweder auf Komponenten- bzw. Subsystemebene arbeiten oder auf Gesamtfahrzeugebene nur isolierte Dynamiken evaluieren [99, 157]. Die Bereiche der Querdynamik und die überlagerte 3D-Fahrzeugdynamik auf Gesamtfahrzeugebene, wie sie für gewöhnliche Fahrsituationen auftritt, wird durch etablierte Prüfstände kaum abgedeckt [27, 47, 99]. Diese Dynamikbereiche werden auf Gesamtfahrzeugebene bisher nur in der Simulation oder im realen Fahrversuch entwickelt und untersucht. Eine erste Ausnahme hierzu liefern Fahrsimulatoren. Sie ermöglichen es einem menschlichen Fahrer, z. B. das Fahrverhalten eines virtuellen Fahrzeugprototyps in einer virtuellen Umgebung bereits frühzeitig subjektiv zu bewerten. Eine ganzheitliche Objektivbewertung und Charakterisierung der Fahrzeugdynamik mit einem

Prüfstand, speziell in Kombination mit der Querdynamik, ist bisher jedoch nicht möglich.

Der neue Stuttgarter Fahrzeugdynamikprüfstand des IVK/FKFS, im englischen Handling Roadway (HRW) genannt, soll diese Lücke schließen. Der HRW ermöglicht es erstmals, unter anderem, realistische Gesamtfahrzeugreaktionen auf Fahrereingaben oder Störanregungen unter sicheren und kontrollierten Laborbedingungen zu untersuchen [3, 4]. Er stellt damit eine erste Alternative zum Fahrversuch auf der Straße durch einen Prüfstand dar. Der HRW wird vom Hersteller MTS Systems Corporation mit vorgefertigten Testverfahren und Anwendungsmöglichkeiten entwickelt und produziert. Diese Verfahren werden in Kapitel 2 kurz angesprochen und sind auch in [3, 4, 14, 76, 100, 157] beschrieben. Ein Teil der Ziele des IVK/FKFS ist es, mit dem HRW und den bestehenden Prüfständen einen Systemverbund zu schaffen [157], um die ganzheitliche 3D-Fahrzeugdynamik zu erforschen sowie den Fahrzeugentwicklungsprozess durch geeignete Testverfahren und Best Practices optimal zu unterstützen [14, 100, 157].

Hierfür soll der HRW beispielsweise zur Unterstützung des Fahrversuchs auf der Straße dienen, den Modellierungs- und Simulationsprozess begleiten und die stets wachsende Komplexität besser beherrschbar machen. Die angedachte Rolle des HRW ist es insgesamt, wie in Abbildung 1.1 dargestellt, ein weiteres Bindeglied zwischen den klassischen Gebieten des Fahrversuchs auf der Straße und der Simulation zu sein. Um diese Ziele zu erreichen, werden die folgenden Bereiche zur Forschung am und mit dem HRW formuliert [4, 99, 100, 157]:

▪ Forschung an ganzheitlicher 3D-Fahrzeugdynamik

▪ Forschung an neuen Methoden und Verfahren zur:

  a. Charakterisierung und Objektivierung der 3D-Fahrzeugdynamik

  b. Unterstützung des Modellierungs- und Simulationsprozesses durch geeignete Identifikations- und Validierungsmethoden

  c. verbesserten Handhabung der wachsenden Systemkomplexität von Fahrzeugen durch sichere, kontrollierte Laborbedingungen und eine modulare Softwarearchitektur

  d. erweiterten Prüfstandsregelung und -steuerung, um z. B. eine möglichst hohe Übereinstimmung zur Fahrzeugdynamik auf der Straße zu erzielen

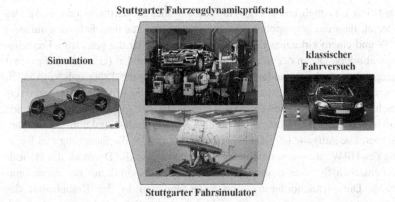

Abbildung 1.1: Der HRW als zusätzliches Bindeglied zwischen der Simulation und dem Fahrversuch auf der Straße

Zielsetzung

Der HRW verfügt im Auslieferungszustand bereits über ein vollständiges, flexibles Software-, Steuerungs- und Regelungskonzept, mit dem unter anderem Fahrmanöver in vergleichbarer Weise zum Fahrversuch auf der Straße durchgeführt werden können [4]. Zusätzlich wird vom Hersteller über wohldefinierte Schnittstellen die Möglichkeit geschaffen, neue Funktionen oder eigene Regler zu integrieren. Das Hauptziel dieser Arbeit ist, die zur Verfügung gestellten Möglichkeiten zu nutzen, um das bestehende Konzept durch einen innovativen, modellbasierten Regelungsansatz zu erweitern, der noch ein Verbesserungspotenzial hinsichtlich der Übereinstimmung zur Fahrzeugdynamik auf der Straße sowie zusätzliche Flexibilität bei der Nutzung des HRW verspricht.

Zur Verdeutlichung und Konkretisierung der Forschungsaufgabe soll zunächst die Notwendigkeit der Prüfstandsregelung zur Durchführung von Fahrmanövern kurz erläutert werden. Ein Fahrzeug auf dem HRW wird durch geeignete Prüfstands-Fesselungssysteme so befestigt, dass es den Prüfstand nicht verlassen kann. Dadurch werden definierte Freiheitsgrade des Fahrzeugaufbaus gesperrt. Es können hierfür unterschiedliche Systeme verwendet werden [3, 4]. In dieser Arbeit wird das „Center of Gravity Restraint" (CGR; deutsch: Schwerpunkt-Fesselungssystem) betrachtet, da es eine Innovation im Vergleich zu den anderen Fesselungsmethoden darstellt. Um mit einem Fahrzeug auf dem HRW Fahrmanöver in vergleichbarer Weise wie auf der Straße durchführen zu können, müssen die gesperrten Freiheitsgrade mit Hilfe von Simulationsmethoden abgebildet werden. Der HRW wird für diesen Anwendungsfall mit einer Echtzeitsimulation gekoppelt und als Hybrid-mechanisches System betrieben [3, 4]. Das bedeutet, dass ein gekoppeltes System entsteht, das aus dem Fahrzeug auf dem HRW und einem virtuellen Fahrzeugkörper besteht, der die gesperrten Freiheitsgrade abbildet. Die in der Simulation berechneten Größen (Gierrate, Längs- und Quergeschwindigkeit) werden dann zur Ansteuerung des Prüfstands verwendet. Es entsteht ein Kreisprozess, der in seinen physikalischen Wirkprinzipien vergleichbar zur Fahrzeugbewegung auf der Straße ist [3, 4]. Diese bestehende Funktionsweise wird in dieser Arbeit als „grundlegendes Funktionsprinzip" bezeichnet. Die Aufgabe und Herausforderung ist es nun, die Steuerung und Regelung des HRW so zu gestalten und zu erweitern, dass die Dynamik des Hybridmechanischen Systems bestmöglich der Fahrzeugdynamik auf der Straße entspricht. Die Herausforderung liegt unter anderem in der Komplexität des Gesamtsystems, denn es müssen sowohl die ganzheitliche, nichtlineare Dynamik des Hybrid-mechanischen Systems als auch die prüfstandsbedingten Restriktionen und möglichen Schnittstellen des HRW berücksichtigt werden [4, 100].

Die dazugehörigen Forschungstätigkeiten begannen deshalb frühzeitig in der Simulation und parallel zur Ausarbeitung, Produktion und Inbetriebnahme durch den Hersteller MTS [4, 99, 100, 157]. Hintergrund dieser Herangehensweise ist nicht nur das Ziel, durch die virtuelle Entwicklung Zeit zu gewinnen. In der Simulation kann auch das komplexe Gesamtsystem besser beherrscht und analysiert werden. Denn hier können die verschiedenen Einflüsse, die zu Unterschieden zur Fahrzeugdynamik auf der Straße führen, isoliert betrachtet, vereinfacht oder entfernt werden. In [4] wird bereits beispielhaft gezeigt, wie durch vereinfachte Modelle mit isolierter Quer- und Wankdynamik in effizienter Weise ein erweitertes Verständnis für das Fahrzeugverhalten auf dem HRW aufgebaut und erste Einflussanalysen durchgeführt werden können. Auch die Entwicklung, Erprobung und Verifikation des hier entwickelten Regelungskonzepts und der dazugehörigen Regelungsalgorithmen erfolgt aus den genannten Vorteilen und Gründen ausschließlich in der Simulation. Dabei werden für die initialen Forschungstätigkeiten in [4] die folgenden Fragen formuliert:

1) Was sind die Schlüsseleffekte und -einflüsse, die zu Unterschieden zwischen der Fahrzeugdynamik auf dem Prüfstand und der Straße führen?

2) Sind die identifizierten Unterschiede signifikant und ist eine Kompensation notwendig?

3) Wenn ja, wie können die Unterschiede kompensiert oder minimiert werden?

Innerhalb dieser Arbeit sollen unter anderem die drei oben formulierten Fragen für den Fall der allgemeinen 3D-Fahrzeugdynamik durch die Nutzung komplexer

Mehrkörpersimulationsmodelle beantwortet werden. Um die erste Frage nach den hauptsächlichen Einflüssen zu beantworten, wird in Abschnitt 2.1.2 eine ausführlichere Diskussion zu den prüfstandsbedingten Restriktionen und Fehlerquellen geführt. Gleichzeitig soll dort eine Beurteilung der Einflüsse erfolgen. Dadurch wird teilweise auch eine Antwort auf die zweite Frage geliefert.

Aus Umfangsgründen können hier nicht zu allen Restriktionen Analysen und Simulationsergebnisse vorgestellt werden. Insbesondere die Fesselung des Fahrzeugs und die Verzögerungen durch die Aktuatordynamik, die nachfolgend unter dem Begriff systemdynamische Unterschiede zusammengefasst werden, führen zu einer Verringerung der Übereinstimmung zur Straße. Dies wird vor allem im transienten querdynamischen Verhalten deutlich. Die Analysefähigkeit der Querdynamik auf einem Prüfstand stellt zudem ein Novum dar und hat gleichzeitig durch die prinzipbedingten Unterschiede des HRW theoretisch das größte Verbesserungspotenzial. Die realistische Abbildung der Querdynamik und der damit verbundenen Koppeleffekte zur Längs- und Vertikaldynamik ist somit eine Schlüsselaufgabe, um eine vergleichbare Fahrzeugdynamik zum Straßenfall zu gewährleisten. Aus diesem Grund wird der Fokus der Analysen hierauf gelegt und hierzu die zweite Frage nach der Notwendigkeit einer Kompensation ausführlicher durch Simulationsstudien unter idealisierten Bedingungen beantwortet. Dabei wird deutlich, dass in einigen Anwendungsfällen keine zusätzlichen Kompensationsalgorithmen notwendig sind. Für einige Anwendungsfälle kann eine Korrektur der Dynamik des Hybrid-mechanischen Systems, z. B. durch zusätzliche Regelungseingriffe, jedoch zu einer verbesserten Übereinstimmung zur Fahrzeugdynamik auf der Straße führen.

Deshalb wird in dieser Arbeit ein erweitertes Regelungskonzept entwickelt, mit dem es theoretisch möglich ist, die ganzheitliche Dynamik so anzupassen, dass diese möglichst optimal der Fahrzeugdynamik auf der Straße entspricht. Hierbei sollen alle prüfstandsbedingten Restriktionen berücksichtigt werden. Bei der Entwicklung wird deutlich, dass verschiedene Regleralgorithmen für unterschiedliche Restriktionen und Anwendungsfälle notwendig werden. Das Konzept soll deswegen eine modulare Entwicklung und Nutzung der Regler ermöglichen. Die jeweiligen Regler sollen später sowohl einzeln als auch in Kombination verwendet werden können, um eine hohe Flexibilität bei der Nutzung des HRW zu gewährleisten. Um den Umfang der Arbeit zu beschränken, wird hier jedoch nicht auf alle entwickelten Regler eingegangen. Es werden nur ausgewählte Regler vorgestellt, mit denen die systemdynamischen Unterschiede kompensiert werden können. Beim Hybrid-mechanischen System handelt es sich dabei um ein komplexes, nichtlineares Mehrgrößensystem [4], das ganzheitlich betrachtet und geregelt werden muss, um die Übereinstimmung zur Straße noch weiter zu erhöhen. Dies stellt hohe Anforderungen an die Performance und Robustheit der zu entwickelnden Regler. Damit ist die Notwendigkeit gegeben, nichtlineare Mehrgrößenregler zu verwenden und die Fahrzeugdynamik auf dem HRW für den Reglerentwurf zu modellieren. Zur Umsetzung der Regelungsaufgabe wird das Konzept der Trajektorienfolgeregelung genutzt. Für den Reglerentwurf werden die Methoden des Computed-Torque und der Sliding-Mode-Regelung verwendet. Der theoretische Nachweis der Funktionalität des Konzepts und der entworfenen Regler soll dann ebenfalls durch Simulationsanalysen mit Fokus auf der Querdynamik erfolgen. Weil die Regelstrecke bzw. die Fahrzeugdynamik in dieser Arbeit durch ein komplexes Mehrkörpermodell abgebildet wird, ist dadurch auch bereits eine Berücksichtigung von Einflüssen durch unmodellierte Dynamik sowie von eingeführten Parameterunsicherheiten gegeben.

Die Arbeit soll insgesamt einen wissenschaftlichen Beitrag dazu leisten, die Fahrzeugdynamik auf dem HRW im Vergleich zur Straße besser zu verstehen und zu quantifizieren. Zudem soll sie Lösungsansätze aufzeigen, mit denen die Übereinstimmung weiter erhöht werden kann, wodurch gleichzeitig die dritte Forschungsfrage beantwortet wird. Hierdurch sollen Vorteile für die zukünftige Forschung sowie für den regulären Prüfstandsbetrieb entstehen. Das hier entwickelte modulare, erweiterte Regelungskonzept mit den vorgestellten Reglern soll den HRW im Rahmen weitergehender Forschungsarbeiten in die Lage versetzen, Fahrversuche mit höchster Übereinstimmung zur Fahrzeugdynamik auf der Straße durchführen zu können.

Aufbau der Arbeit

Der Aufbau der Arbeit ist wie folgt. In Kapitel 2 werden zunächst im Stand der Technik die wesentlichen Funktionsweisen des HRW aufgezeigt sowie die Möglichkeiten, Restriktionen und Simulationsmethoden diskutiert. Danach werden in Kapitel 3 die Grundlagen zur Modellierung und Regelung für das in dieser Arbeit entwickelte Regelungskonzept kurz erläutert. In Kapitel 4 wird die Modellierung der Fahrzeugdynamik auf dem HRW für den Reglerentwurf vorgestellt. Das daraus entstehende Modell bildet das Fundament für den Reglerentwurf zur Kompensation der systemdynamischen Unterschiede. In Kapitel 5 wird zunächst das grundlegende Funktionsprinzip des Hybrid-mechanischen Systems erstmals mathematisch näher beschrieben. Anschließend wird darauf aufbauend das entwickelte, erweiterte Regelungskonzept sowie die dazugehörenden, modellbasierten Regler vorgestellt. Schließlich wird das grundlegende Funktionsprinzip sowie die entwickelten Regler in Kapitel 6 in der Simulation anhand ausgewählter Fahrmanöver analysiert und die Übereinstimmung zur Fahrzeugdynamik auf der Straße quantifiziert.

2 Stand der Technik

Dieses Kapitel soll das notwendige Grundverständnis zum Stuttgarter Fahrzeug-dynamikprüfstand (englisch: Handling Roadway – HRW) schaffen. Zunächst wird hierzu in Abschnitt 2.1 der HRW ausführlich vorgestellt und der aktuelle Stand der Technik dieses Prüfstands aufgezeigt. Hierbei werden die wesentlichen Komponenten, Subsysteme, Funktionsweisen und Schnittstellen kurz erläutert. Insbesondere die Möglichkeiten, die Fahrzeugdynamik auf dem HRW durch Steuerungs- und Regelungseingriffe zu beeinflussen, stehen im Vordergrund. Anschließend wird auf die prüfstandsbedingten Restriktionen und Fehlerquellen eingegangen, die zu Unterschieden im Vergleich zum Fahrversuch auf der Straße führen. Dadurch werden auch die Problemstellung der Regelungsaufgabe und die Notwendigkeit der Regelungskonzepterweiterung deutlich. In Abschnitt 2.2 wird die Vision einer ganzheitlichen Methodik zur Nutzung des HRW vorgestellt. Hier wird gezeigt, wie der reale HRW durch virtuelle Entwicklungsmethoden besser genutzt, weiterentwickelt und in die aktuelle Forschung integriert werden kann. Schließlich wird auf den aktuellen Stand der Technik der Fahrzeugdyna-miksimulation sowie auf die entwickelte Simulationsumgebung zur Forschung am HRW eingegangen.

2.1 Der Stuttgarter Fahrzeugdynamikprüfstand

Der neue Stuttgarter Fahrzeugdynamikprüfstand ist in Abbildung 2.1 dargestellt. Es ist ein Gesamtfahrzeugprüfstand und ein innovatives Prüfstandskonzept, mit dem die ganzheitliche 3D-Fahrzeugdynamik, d.h. die gekoppelte Längs-, Quer-und Vertikaldynamik, sowohl in realitätsnahen als auch in beliebigen Fahrzu-ständen unter Laborbedingungen untersucht werden kann. Dies ist mit etablierten Prüfständen bisher nicht möglich. In Verbindung mit einem Fahrzeug entsteht ein komplexes, multidisziplinäres Gesamtsystem, für dessen optimale Nutzung unter anderem die Gebiete der Fahrzeugtechnik, Mechatronik, Technischen Dynamik, Regelungs-, sowie Simulationstechnik kombiniert werden müssen. Ein Prüfstand dieser Ausprägung und Komplexität ist aktuell weltweit einzigartig. Aufgrund des hohen Innovationsgrades müssen deshalb erste wissenschaftliche Erkenntnisse oder praktische Erfahrungswerte zuerst erarbeitet werden. Hierzu begann die Forschung bereits im Vorfeld der Realisierung und Inbetriebnahme des Prüfstands in der Simulation, unter anderem im Rahmen der vorliegenden Arbeit.

© Springer Fachmedien Wiesbaden GmbH, ein Teil von Springer Nature 2020
A. Ahlert, *Ein modellbasiertes Regelungskonzept für einen Gesamtfahrzeug-Dynamikprüfstand*, Wissenschaftliche Reihe Fahrzeugtechnik Universität Stuttgart, https://doi.org/10.1007/978-3-658-30099-9_2

Abbildung 2.1: Der Stuttgarter Fahrzeugdynamikprüfstand (HRW) [33]

2.1.1 Aufbau, Funktionsweise und Softwarearchitektur

Die Bewegungsmöglichkeiten respektive Freiheitsgrade eines Fahrzeugs auf dem HRW und die Einflussmöglichkeiten durch Aktuatoren werden in Abbildung 2.2 dargestellt. Das in dieser Arbeit betrachtete Center of Gravity Restraint (CGR, deutsch: Schwerpunkts-Fesselungssystem) fesselt das Fahrzeug in Schwerpunktposition und sperrt den Längs,- Quer- und Gierfreiheitsgrad des Fahrzeugaufbaus. Die Bewegung in den Freiheitsgraden Wanken, Nicken und Huben um den Fahrzeugschwerpunkt ist weiterhin möglich. Mit Hilfe von vier hydraulischen Aktuatoren des CGR können auf den Fahrzeugaufbau zudem eine Vertikalkraft, ein Wank- oder Nickmoment aufgeprägt werden. Die Radaufhängungen, Räder und andere Subsysteme, wie Lenkung, Antriebsstrang, etc. behalten ihre Freiheitsgrade bei. Das Fahrzeug ist demzufolge nur in seinen Aufbaufreiheitsgraden eingeschränkt.

Die Reifen stehen auf vier Flachbandeinheiten. Jede Flachbandeinheit hat ein Stahlband, das durch ein hydrodynamisches Wasserlager Vertikalkräfte aufnimmt und durch dynamische Elektromotoren in Längsrichtung beschleunigt oder verzögert werden kann. Ferner stehen Hydraulikaktuatoren zur Verfügung, um die Flachbandeinheiten um die Hochachse rotieren und in vertikaler Richtung bewegen können. Dadurch ist es mit einer Flachbandeinheit möglich, radindividuell einzufedern und die Längs- und Querschlupfzustände des Reifens zu beeinflussen. Eine vergrößerte Darstellung einer Flachbandeinheit ist im Anhang durch Abbildung A.1 gegeben. Auf dem HRW kann ein Fahrzeug sowohl geschleppt als auch über den eigenen Antriebsstrang angetrieben werden. Die Bedienung des Fahrzeugs erfolgt durch einen Fahrroboter, wobei zukünftig auch menschliche Fahrer denkbar sind.

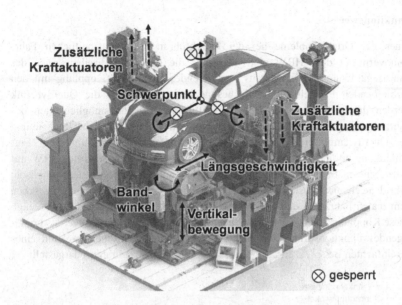

Abbildung 2.2: Freiheitsgrade des Fahrzeugaufbaus auf dem HRW und die Einflussmöglichkeiten durch Aktuatoren, in Anlehnung an [4]

Insgesamt können durch diese Prüfstandskonfiguration, innerhalb gewisser Aktuator- und Sicherheitsgrenzen, beliebige Straßen-, Lenk-, Antriebs- und Bremsvorgaben sowie z. B. Windanregungen realisiert und getestet werden. Damit kann der Fahrversuch so realitätsnah wie möglich durch einen Prüfstand abgebildet werden. Der HRW eröffnet damit ein breites Anwendungsspektrum für aktuelle und zukünftige Technologien [3, 4, 14, 99, 100, 157].

Neben den Einzelanwendungen ist ein weiteres Ziel, den HRW mit den bestehenden Prüfständen des IVK/FKFS zu einem integrierten Systemverbund zu kombinieren [157]. Beispielsweise können dann die Auswirkungen der im Aeroakustik-Fahrzeugwindkanal gemessenen, instationären Aerodynamik auf das Fahrverhalten untersucht werden. Zusätzlich können für den Fahrsimulator Fahrzeugmodelle mit Hilfe des HRW parametriert werden. Eine detailliertere Beschreibung hierzu ist in [4, 157] gegeben. Für alle genannten Anwendungen ergeben sich bei der Nutzung des HRW die Vorteile der Laborbedingungen, die bereits ausführlich in [3, 4, 100, 157] beschrieben sind. Allgemeine Beschreibungen zu den Vorteilen von Prüfstandsversuchen sind z. B. in [27, 87, 110] gegeben.

Funktionsweise

Eines der Grundprobleme bei der Durchführung von ganzheitlichen Fahrmanövern mit dem HRW sind allerdings die gesperrten Freiheitsgrade des
Fahrzeugaufbaus und die daraus resultierende, entfallende Kopplung mit den
verbleibenden Freiheitsgraden. Insbesondere in Bezug auf die Querdynamik
werden durch die Fesselung die wesentlichen Bewegungsmöglichkeiten des
Fahrzeugs eingeschränkt. Deshalb stellt speziell eine realitätsnahe Realisierung
der Querdynamik eine Schlüsselaufgabe und -funktion dar, um diese Einschränkung zu überwinden. Um diese Funktion zu erfüllen, wird der HRW mit
einer Echtzeitsimulationsumgebung als Hybrid-mechanisches System (englisch:
hybrid mechanical system) betrieben. Hierdurch wird eine Kopplung zwischen
dem realen Fahrzeug, dem HRW und einem virtuellen Fahrzeugkörper erzeugt.
Diese Kopplung und die dahinterstehende Funktionsweise werden hier als grundlegendes Funktionsprinzip bezeichnet. Dieses wird nachfolgend anhand eines
vereinfachten Beispiels erklärt und ist in Abbildung 2.3 abstrahiert dargestellt.

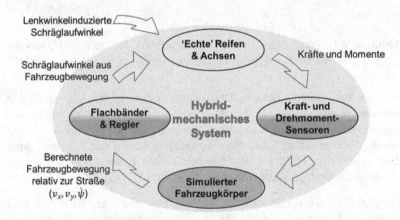

Abbildung 2.3: Grundlegendes Funktionsprinzip zur Durchführung von Fahrmanövern mit dem HRW [3, 4]

Bei einer gewöhnlichen Fahrt auf der Straße führt eine Lenkanregung dazu, dass
die Räder gedreht und Schräglaufwinkel induziert werden. Dadurch entstehen
Querkräfte und ein resultierendes Giermoment, wodurch das Fahrzeug eine
Quer- und Gierbewegung durchführt. Auf dem HRW ist diese Bewegung des
Fahrzeugs allerdings nicht möglich. Aus diesem Grund müssen diese gesperrten
Freiheitsgrade in der Simulation abgebildet werden.

Um die Längs-, Quer- und Gierbewegung simulieren zu können, werden auf dem HRW die im CGR entstehenden Reaktionskräfte und das resultierende Reaktionsmoment gemessen. Diese werden einem virtuellen Fahrzeugkörper in der Simulation aufgeprägt, der dieselben Massen- und Trägheitseigenschaften wie das reale Fahrzeug hat. Dadurch können die durch den Prüfstand gesperrten Freiheitsgrade in der Simulation berechnet werden. Die resultierenden Größen Gierrate, Längs- und Quergeschwindigkeit des virtuellen Körpers werden genutzt, um die Bandgeschwindigkeit und den Bandwinkel so zu stellen, dass die entstehenden Relativgeschwindigkeiten zwischen Reifen und Fahrbahn stationär wie instationär vergleichbar zur Situation auf der Straße sind. Die Verstellung der Flachbandeinheiten beeinflusst erneut die Reifenkräfte und folglich die Reaktionsgrößen im CGR, wodurch der Kreis geschlossen wird. Allgemeinere Beschreibungen des grundlegenden Funktionsprinzips und den weiteren Prüfstandsfunktionalitäten sind in [3, 4, 76, 124] verfügbar.

Dieses Prinzip ermöglicht es allerdings noch nicht, alle prüfstandsbedingten Restriktionen zu berücksichtigen. Insbesondere die Einflüsse durch die Sperrung der Freiheitsgrade (wie z. B. entfallende Koppeleffekte wie Corioliskräfte oder Unterschiede im Wankverhalten) sowie zusätzliche Verzögerungen durch die Dynamik der Aktuatoren des Prüfstands führen zu Unterschieden zur Fahrzeugdynamik auf der Straße [4, 157]. Aufbauend auf diesem grundlegenden Funktionsprinzip wird deshalb in dieser Arbeit ein modulares, erweitertes Regelungskonzept entwickelt. Dieses soll in der Lage sein, alle prüfstandsbedingten Restriktionen, die in Abschnitt 2.1.2 ausführlicher diskutiert werden, kompensieren oder deren Einfluss minimieren zu können. Hierdurch soll die Dynamik des Hybrid-mechanischen Systems möglichst genau an die Dynamik eines Fahrzeugs auf der Straße angepasst werden können.

Modulare Software- und Kommunikationsarchitektur

Das grundlegende Funktionsprinzip und Steuerungskonzept des Prüfstands ist primär auf den Fahrzeugversuch und die Fahrdynamikentwicklung ausgerichtet. Um die gegeben Möglichkeiten des HRW jedoch ideal ausnutzen zu können und die angedachten Anwendungs- und Forschungsfelder zu bedienen, bedarf es einer modularen Software- und Kommunikationsarchitektur. Diese übernimmt unter anderem die Aufgaben der Ansteuerung des HRW sowie des Fahrroboters. Darüber hinaus erlaubt es die modulare Softwarearchitektur, nutzereigene Software-, Steuerungs- und Regelungsalgorithmen durch den sogenannten User Mode zu integrieren [4]. In diesem Modus ist es vereinfacht gesagt möglich, innerhalb von fest vordefinierten Schnitten und Grenzen, die Algorithmen und Signale der MTS-Funktionen zu ersetzen oder mit eigenen zu kombinieren.

Hiermit wird es beispielsweise möglich, eigene Fahrzeugkörpersimulationen durchzuführen, die Aktuatoren des HRW anhand eigener Algorithmen anzusteuern oder zukünftig zusätzliche Sensoren oder Aktuatoren in das Gesamtsystem einzubinden. Auch das erweiterte Regelungskonzept nutzt diese Möglichkeiten. Die Software- und Kommunikationsarchitektur wird bereits ausführlich in [4] beschrieben, weshalb es hier nur kurz angesprochen wird.

Die nutzereigenen Algorithmen und Simulationen werden auf einem zusätzlichen, separaten Echtzeitsimulationssystem berechnet. Dieses wird durch die Datensynchronisationstechnologie SCRAMNet mit der Steuereinheit des HRW verbunden. Es dient sozusagen als nutzereigenes Steuergerät und ist die Schnittstelle zwischen dem Fahrzeug und dem MTS Steuergerät. Neben seiner Schlüsselrolle im User Mode, erfüllt es auch unter anderem die folgenden Aufgaben: Zusätzliche Messdatenerfassung durch z. B. CAN, FlexRay, Fahrzeug-Restbussimulation, Umgebungssimulation (Fahrbahnbeschaffenheit, Fahrstrecke, Wind, etc.), Simulation eines virtuellen Fahrerreglers zur Ansteuerung des Fahrroboters für Closed-Loop-Fahrmanöver.

Der User Mode liefert insgesamt die notwendige Flexibilität, um die in Kapitel 1 vorgestellten Forschungsfelder und Ziele zu adressieren. Zudem ermöglicht es die gegebene Modularität und Flexibilität, das Gesamtsystem stetig weiterzuentwickeln und an zukünftige, noch nicht voraussehbare Anwendungsfälle anzupassen.

2.1.2   Prüfstandsbedingte Restriktionen und Fehlerquellen

Das grundlegende Funktionsprinzip ermöglicht bereits eine realitätsnahe Durchführung von Fahrmanövern mit dem HRW, wie in [4, 157] simulativ oder anhand von vergleichbaren Systemen in [74, 75, 124] gezeigt wird. Dabei entstehen dennoch Unterschiede zur Fahrzeugdynamik auf der Straße. Die wichtigsten Gründe in Form von prüfstandsbedingten Restriktionen und Fehlerquellen werden in diesem Abschnitt diskutiert.

Durch die **Sperrung der Fahrzeugaufbaufreiheitsgrade** auf dem HRW entsteht grundsätzlich ein anderes dynamisches System im Vergleich zum Straßenfall [4]. Zwar ermöglicht die Erzeugung eines Hybrid-mechanischen Systems durch die Verbindung mit einem virtuellen Fahrzeugkörper einen vergleichbaren Wirkprozess. Trotzdem entfallen einige der komplexen **Kopplungseffekte** zwischen den Freiheitsgraden, wie Massenkopplungen und Einflüsse wie Fliehkräfte, gyroskopische Momente oder Coriolis-Kräfte [4]. Ferner **wankt und nickt das Fahrzeug auf dem HRW um den Fahrzeugschwerpunkt**. Auf der

Straße nickt der Fahrzeugaufbau entsprechend der Radaufhängungen um einen Nickpol bzw. eine Nickachse und wankt um einen Wankpol bzw. eine Wankachse [17, 91, 147]. Diese Pole bzw. Drehachsen unterscheiden sich generell vom Fahrzeugschwerpunkt, was zu Unterschieden in der Bewegung und damit der Dynamik zwischen dem Fahrzeug auf der Straße und dem Hybrid-mechanischen System führt.

Gleichzeitig induziert die Wankbewegung auf dem HRW zusätzliche Quergeschwindigkeiten, weil sich die Räder relativ zum Flachband bewegen, was in Abbildung 2.4 vereinfacht veranschaulicht wird. Die gezeigte Darstellung und nachfolgende, abstrahierte Beschreibung ist angelehnt an das Einachs-Wankmodell (englisch: single axle rolling model) und den dazugehörigen Erkenntnissen aus [4]. Das Einachs-Wankmodell bildet die Kopplung zwischen der Quer- und Wankbewegung vereinfacht ab.

Beim Fahren auf der Straße (linke Darstellung) wankt das Fahrzeug bei einer Kurvenfahrt um den Wankpol (WP). Der Schwerpunkt (CG) bewegt sich aufgrund der wirkenden Fliehkraft F_q entsprechend seinem Wankhebelarm mit dem Wankwinkel φ in seine neue Position. Die Reifenkräfte $F_{y,L}$ und $F_{y,R}$ auf der linken bzw. rechten Fahrzeugseite bleiben in dieser vereinfachten Modellvorstellung an derselben Stelle. Führt das Fahrzeug eine virtuelle Kurvenfahrt auf dem Prüfstand aus, so bleibt der Schwerpunkt in dieser vereinfachten Darstellung an seiner initialen Stelle und der Wankpol macht eine Querbewegung. Des Weiteren bewegen sich die Räder relativ zum Flachband zur Seite, was die Reifenkraftangriffspunkte verschiebt. Dies führt zu zusätzlichen Reifenseitenkräften, die insbesondere das querdynamische Fahrzeugverhalten und die resultierenden Reaktionskräfte im CGR beeinflussen.

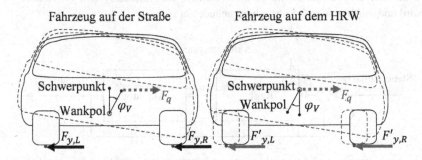

Abbildung 2.4: Unterschiede in der Wankbewegung eines Fahrzeugs auf der Straße (links) und auf dem Prüfstand (rechts)

Eine weitere Fehlerquelle ist die **Messung der Reaktionskräfte und des Reaktionsmomentes im Center of Gravity Restraint (CGR)**. Schneidet man das Fahrzeug auf dem Prüfstand entsprechend den Methoden der Technischen Mechanik frei [32, 121, 153], so entsteht ein Kraftfluss von den entstehenden Reifenkräften durch das Fahrzeug bis zum CGR, wo diese abgestützt werden. Für ein ideal steifes System würde es keinen Unterschied machen, ob die Reifenkräfte oder die resultierenden Reaktionsgrößen im CGR gemessen und für die Kopplung mit dem virtuellen Fahrzeugkörper verwendet werden. In der Realität ergibt sich jedoch aufgrund von elastischen Strukturen und Dämpfungseffekten ein Übertragungsverhalten zwischen der entstehenden Reifenkraft im Reifenlatsch bis zum CGR. Dieses Übertragungsverhalten führt zu einer Amplitudenabschwächung der Kräfte und einem Zeitversatz von der Wirkung bis zur Messung, was die Gesamtsystemdynamik des Hybrid-mechanischen Systems beeinflussen kann. Eine mögliche Verbesserung kann theoretisch durch eine Messung und Nutzung der Reifenkräfte für die Kopplung mit dem virtuellen Fahrzeugkörper erreicht werden. Dies wird in Kapitel 6 durch Simulationsanalysen bestätigt und führt bereits zu einer möglichen Verbesserung des Regelungskonzepts.

Ein vergleichbarer Effekt entsteht durch das **Übertragungsverhalten der Aktuatorik**, die einen signifikanten Einfluss auf die Dynamik des Hybrid-mechanischen Systems haben kann. Die Aktuatoren des HRW werden über Sollvorgaben und somit Steuersignale angesteuert. Soll z. B. eine Flachbandeinheit um die Hochachse gedreht werden, so wird ein entsprechender Befehl durch ein Steuersignal erzeugt. Durch die Servoeinheiten und unterlagerte PID-Regelkreise werden diese Steuersignale dann von den Aktuatoren entsprechend ihrer physikalischen Eigenschaften realisiert. Dadurch entsteht eine klassische, geschlossene Regelschleife, die in dieser Arbeit als Aktuatorsystem bezeichnet wird und in Abbildung 2.5 abstrahiert angedeutet ist.

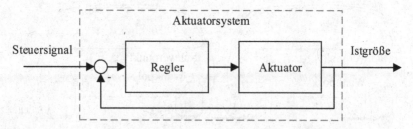

Abbildung 2.5: Vereinfachte Darstellung des Aktuatorsystems, bestehend aus den Aktuatoren und einer unterlagerten Regelschleife

Ein Steuersignal wird somit erst nach einem gewissen Übertragungsverhalten in die tatsächliche Stellgröße bzw. Istgröße des Aktuators umgesetzt, wobei diese eine Amplitudenverstärkung und Phasenverschiebung aufweist [81, 127, 135]. Zudem entstehen zusätzlich Totzeiten durch die Signaldatenverarbeitung sowie aufgrund von Reibungseffekten. Das resultierende Systemverhalten des Aktuatorsystems wird in dieser Arbeit als Aktuatordynamik bezeichnet. Eine solche, zusätzliche Dynamik ist bei einer gewöhnlichen Straßenfahrt nicht vorhanden. Vor allem die zusätzliche Verzögerung bei der Drehung der Reifenflachbandeinheiten führt zu Unterschieden im dynamischen Reifenverhalten und beeinflusst die Übereinstimmung zum Fall auf der Straße.

Alle bisher genannten Gründe werden nachfolgend als **systemdynamische Unterschiede** zusammengefasst. Hieraus ergeben sich vor allem bei dynamischen Fahrmanövern Unterschiede zur Fahrzeugdynamik auf der Straße. Die Kompensation dieser Unterschiede ist einer der primären Gründe für die Erweiterung des bisherigen Regelungskonzepts und des grundlegenden Funktionsprinzips. Nachfolgend werden zur Vollständigkeit noch weitere Einflüsse diskutiert.

Neben der spezifischen Aktuatordynamik hat jedes Aktuatorsystem auch Beschränkungen in Form von maximal zulässigen Belastungen sowie **Stellgrößenbeschränkungen**. Stellgrößenbeschränkungen sind z. B. maximale Verfahrwege oder -geschwindigkeiten. Bei Versuchen mit dem HRW muss deshalb sichergestellt werden, dass diese Beschränkungen eingehalten werden. Ferner haben die Stellgrößenbeschränkungen einen wesentlichen Einfluss auf den Reglerentwurf und die Dynamik des geschlossenen Regelkreises [2, 38, 39, 85, 141]. Dies wird allerdings bei der Entwicklung und Dimensionierung der Aktuatoren berücksichtigt, wodurch eine ausreichende Performance und Kapazität für einen Großteil der Fahrmanöver und Fahrzeuge ermöglicht wird.

Wenn bei einem Fahrversuch z. B. eine Stellgrößenbeschränkung trotzdem erreicht wird, bedeutet dies automatisch, dass die Aktuatorik die notwendigen Stellgrößen zur Abbildung der Fahrzeugdynamik nicht liefern kann. Folglich kann geschlussfolgert werden, dass die physikalischen Grenzen des Systems und die Übereinstimmung zum Fahrversuch auf der Straße in diesem Fall per se nicht mehr gegeben ist. Ein solcher Fahrversuch und die dazugehörige Regelung sind damit nicht mehr repräsentativ. Werden zudem gewisse Aktuatorgrenzen überschritten, so wird durch das Sicherheitssystem des HRW automatisch der Versuch gestoppt.

Alles in allem wird deshalb für das zu entwickelnde Regelungskonzept und die dazugehörigen Reglerentwürfe zunächst vereinfacht angenommen, dass die Stellgrößenbeschränkungen vernachlässigt werden können. Darüber hinaus kann mit Hilfe der entwickelten Simulationsumgebung vorab simulativ abgeschätzt werden, ob die Aktuatorbeschränkungen bei den geplanten Manövern eingehalten werden, siehe hierzu auch Abschnitt 2.2 und 2.3. Im entwickelten erweiterten Regelungskonzept kann dies bei der Generierung der offline Referenztrajektorien berücksichtigt werden, was in Abschnitt 5.2.4 beschrieben wird. In weiteren Forschungsschritten sollten die Stellgrößenbeschränkungen aber berücksichtigt werden können, um Versuche nahe der Aktuatorgrenzen zu ermöglichen, auch wenn in diesem Fall die Fahrzeugdynamik verfälscht wird.

Neben der Aktuatorik hat auch die **Sensorik** einen Einfluss auf die Gesamtsystemdynamik [85, 141]. Sensoren weisen z. B. ein Sensorrauschen und Fehlertoleranzen auf [127], die sowohl die unterlagerten Regelkreise der Aktuatoren als auch das Hybrid-mechanische System beeinflussen. Diese Sensoreinflüsse können jedoch z. B. durch vorhandene Filteralgorithmen, regelmäßige Sensorkalibrierung sowie durch die Nutzung hochwertiger Sensorik minimiert werden. Aus diesen Gründen wird der Einfluss der Sensorik vernachlässigt und gegebenenfalls für zukünftige Untersuchungen am realen System offen gelassen.

Des Weiteren wird dem Fahrzeug durch **die Klemmverbindung und den Komponenten des CGR** eine nicht vernachlässigbare, zusätzliche Masse und Trägheit hinzugefügt. Neben der zusätzlichen Masse erzeugt das CGR eine elastische Verbindung des HRW mit dem Fahrzeug. Die Konstruktion des CGR ist steif ausgeführt, allerdings sind mögliche Einflüsse noch nicht absehbar. Es können Reibungseffekte in den Gelenken und Führungen des CGR entstehen, die in ihrer Ausprägung zum aktuellen Zeitpunkt ebenfalls schwer zu quantifizieren sind. Im Rahmen dieser Arbeit werden die Reibungseffekte und der Elastizitätseinfluss daher vernachlässigt und idealisierte Annahmen für die Simulation getroffen. Gleichwohl können diese Einflüsse Untersuchungsgegenstand zukünftiger Forschungsarbeit sein.

Schließlich stellen auch die **Flachbänder** eine Einschränkung hinsichtlich der Übereinstimmung zur Straße dar. Die Flachbänder liefern zwar eine realistische Kontakt- respektive Latschfläche, allerdings sind unterschiedliche Reifen-Fahrbahn-Eigenschaften im Vergleich zu einem klassischen Fahrbahnbelag, wie z. B. Asphalt zu erwarten [12]. Für den HRW werden als Flachband entweder beschichtete oder unbeschichtete Stahlbänder verwendet [157]. Erfahrungsgemäß liefert vor allem die Nutzung von Schleifpapier mit feiner Körnung ein zur Straße vergleichbares Reifenverhalten aufgrund der ähnlichen Texturierung.

Allerdings sind auch für diesen Fall leichte Unterschiede, z. B. bei der Reifen-quersteifigkeit, zu erwarten [74, 157]. Schultz et al. [124] zeigen zudem an einem vergleichbaren System, dass auch die Reifentemperatur eine wichtige Rolle für die Übereinstimmung und generell für die Versuchsergebnisse spielt. Dieser Einfluss lässt sich jedoch durch geeignete Prüfzyklen und Vorgehens-weisen beim Versuchsprozess minimieren.

Alle genannten prüfstandsbedingten Restriktionen oder Fehlerquellen des HRW führen in Bezug auf die Fahrzeugdynamik zu Unterschieden im Vergleich zum Fahrversuch auf der Straße. Der theoretische Fokus dieser Arbeit liegt deshalb auf der generellen Entwicklung des modularen, erweiterten Regelungskonzepts, mit dem es theoretisch möglich ist, alle genannten Effekte zu berücksichtigen. Um den Umfang zu beschränken, wird im praktischen Anwendungteil aber nicht auf alle dazugehörigen Regler und Algorithmen eingegangen.

Einige der genannten Punkte werden auch durch vorhandene, von MTS zur Verfügung gestellte Algorithmen berücksichtigt oder sie können zunächst ver-nachlässigt werden. Der Reifen-Flachband-Kontakt mit einer Schleifpapier-Beschichtung kann basierend auf Erfahrungen aus der Industrie anhand von Reifen-Flachbandprüfständen als vergleichbar zum Straßenfall angesehen wer-den. Genauere Analysen zu diesem Einfluss sollen jedoch zukünftig anhand von praktischen Versuchen durchgeführt werden. Die systemdynamischen Unter-schiede werden bisher hingegen weder korrigiert noch kompensiert. Auch eine detaillierte Analyse dieser Einflüsse ist bisher nicht vorhanden. Darum liegt der Fokus dieser Arbeit auf der Einflussanalyse und Kompensation der system-dynamischen Unterschiede.

Wie in der Einleitung beschrieben und im nachfolgenden Abschnitt näher er-örtert, ist die Nutzung von Simulationsmethoden für diese Aufgabenstellung prädestiniert. In der Simulationen kann z. B. die Oberflächenbeschaffenheit der Fahrbahn bei den Straßensimulationen identisch zu den Flachbandeinheiten auf dem HRW gewählt werden. Insgesamt können hierdurch die systemdynamischen Unterschiede isoliert zu den anderen prüfstandsbedingten Restriktionen und Fehlerquellen betrachtet und analysiert werden.

2.2 Ganzheitliche Nutzung des HRW

Die Forschung am HRW beginnt unter anderem im Rahmen dieser Arbeit bereits vor dessen Inbetriebnahme mit Hilfe von Simulationsmethoden. Dabei ist es das Ziel, die entwickelten Simulationsmodelle und die dazugehörige, modulare

Simulationsumgebung auch nach der Inbetriebnahme kontinuierlich weiterzu-entwickeln und parallel zum realen Prüfstandsbetrieb zu nutzen. Das IVK/FKFS hat dabei das Ziel einer ganzheitlichen Nutzung des realen HRW in Kombination mit der entwickelten Simulationsumgebung, um sowohl die Forschung und Entwicklung als auch den späteren, regulären Prüfstandsbetrieb zu verbessern.

Einer der wichtigsten Gründe für diesen ganzheitlichen Ansatz ist die Möglichkeit, durch die Simulation parallel zum eigentlichen Prüfstandsbetrieb beispielsweise neue Anwendungsfälle, Identifikationsmethoden oder auch Regelungsverfahren und -konzepte entwickeln und erproben zu können. Dadurch wird der Entwicklungsprozess schneller und effizienter [51, 123]. Aber auch die Sicherheit des Systems, die im regelungstechnischen Kontext häufig mit der Stabilität des Systems verbunden ist, kann vorab überprüft und besser gewährleistet werden [2, 22, 51, 77, 98, 133]. Für komplexe, nichtlineare Systeme ist es zudem generell notwendig, mit dem entwickelten Regler ausführliche Simulationsanalysen durchzuführen, da ein Stabilitätsbeweis für nichtlineare Systeme im Allgemeinen nicht möglich ist [2, 52, 53, 56, 133].

In der Simulation können diese Aufgaben zunächst unter idealisierten Bedingungen, z. B. ohne ungewollte Einflüsse und Störgrößen, wie Messrauschen, unmodellierte Dynamik, Aktuatorbeschränkungen, Latenzen, etc. erfolgen. Anschließend können diese Einflüsse entweder einzeln oder gemeinsam eingeführt werden, um deren Einfluss auf das geregelte Gesamtsystemverhalten zu analysieren. Mit Hilfe dieser Analysen kann dann z. B. die Robustheit des Reglers untersucht und gegebenenfalls der Reglerentwurf oder die Reglerparametrierung angepasst werden. Auch die Einflüsse der beschriebenen Prüfstandsrestriktionen lassen sich in der Simulation zunächst isoliert betrachten. Dadurch kann die Komplexität der Regelungsaufgabe verringert werden, indem diese in verschiedene Teilaufgaben aufgeteilt und damit beherrschbarer wird. Dieses Prinzip wird in der Informationstechnik häufig verwendet und als Teile-und-Herrsche-Verfahren („divide et impera") bezeichnet. Auch in dieser Arbeit wird diese Möglichkeit genutzt und z. B. der Einfluss des unterschiedlichen Reifen-Fahrbahn-Kontakts als Untersuchungsgegenstand zunächst bewusst vernachlässigt. All das ist am realen System nicht direkt möglich.

Ferner können durch diesen Ansatz generell hochdynamische Versuche, selbst entwickelte, synthetische Anregungsszenarien oder nutzereigene Regler vorab in der Simulation getestet werden. Dadurch können die resultierenden Belastungen abgeschätzt und die Einhaltung von Prüfstandsrestriktionen, wie z. B. die maximal zulässige Seitenkraft, überprüft werden. Zudem kann durch die Vorabsimulation untersucht werden, ob für ein angedachtes Fahrmanöver die Aktuatoren die notwendigen maximal notwendigen Kräfte und Momente überhaupt stellen können. Falls sich herausstellt, dass dies nicht der Fall ist, ist die Durchführung des angedachten Fahrmanövers eventuell nicht sinnvoll, da eine Übereinstimmung zum Straßenfall nicht mehr gegeben ist. Es lassen sich damit aber auch z. B. Anforderungen an verbesserte Sensoren oder Aktuatoren für die Zukunft spezifizieren.

Zusätzlich ist die Entwicklung von System- und Parameteridentifikationsverfahren zur Parametrierung von Simulationsmodellen mit dem HRW ohnehin ein Teil der formulierten Forschungstätigkeiten aus Kapitel 1. Stehen zu einem gegebenen Fahrzeug auf dem HRW keine Modelle oder Parameter zur Verfügung, so können diese basierend auf Messungen mit dem HRW identifiziert werden. Die hierfür verwendeten Fahrzeugmodelle, wie z. B. in Abschnitt 2.3 und Kapitel 4 oder in [4, 157] beschrieben, beruhen auf physikalischen Ansätzen. Deshalb können die identifizierten Modelle sowohl zur Simulation eines Fahrzeugs auf dem HRW als auch auf der Straße genutzt werden. Die entstehenden Simulationsmodelle können z. B. im Fahrsimulator genutzt und in die entwickelte Simulationsumgebung integriert werden. Darüber hinaus können diese Modelle zur Verbesserung der Regelung des HRW dienen. Im modularen, erweiterten Regelungskonzept lassen sie sich beispielsweise als Referenzsystem zur Abbildung der Dynamik auf der Straße oder für den modellbasierten Reglerentwurf nutzen. Eine genauere Beschreibung hierzu wird in Abschnitt 5.2 gegeben. Hierdurch lässt sich die Übereinstimmung zum Fahrversuch auf der Straße erhöhen, wodurch die Generierung neuer Messdaten bessere Ergebnisse zur Objektivierung des Fahrverhaltens oder zur Analyse von Subsystemen liefert. Steht allerdings ein valides Fahrzeugmodell bereits zur Verfügung, so kann der Identifikationsprozess entfallen und das Modell direkt für die Regelung verwendet werden. Es entsteht somit gegebenenfalls ein iterativer Nutzungs- und Verbesserungsprozess für den HRW, bei dem Fahrmanöver abhängig vom Anwendungsfall und dem gegebenen Vorkenntnisstand zur Dynamik des verwendeten Fahrzeugs durchgeführt werden können.

Alles in allem wird durch die ganzheitliche Betrachtung und Nutzung des HRW in Verbindung mit den gegebenen Simulationsmethoden die Forschungs- und Weiterentwicklungsarbeit beschleunigt und vereinfacht. Weitere allgemeinere Vorteile und Gründe für diesen Ansatz werden auch in [4, 157] beschrieben. Die Forschung am und für den HRW in der Simulation und die Entwicklung einer geeigneten Simulationsumgebung spielt deshalb nicht nur eine Kernrolle für die vorliegende Arbeit, sondern auch für die zukünftige Forschung am IVK/FKFS und zur Erreichung der in der Einleitung formulierten Ziele.

Die entwickelte Simulationsumgebung ist so aufgebaut, dass die erarbeiteten Methoden und Verfahren aus der Simulation mit minimalem Aufwand in die reale Prüfstandsanwendung überführt werden können. Dies wird z. B. durch eine konsistente Softwaretoolkette und die Einführung wohldefinierter Schnittstellen gewährleistet. Die verwendeten Simulationsmethoden und die dazugehörige, entwickelte Simulationsumgebung werden im nächsten Abschnitt kurz erläutert.

2.3   Fahrzeugdynamik- und Prüfstandsimulation

Aufgrund des hohen Stellenwerts der Simulation, werden in diesem Abschnitt zunächst gängige Simulationsmethoden im Umfeld der Fahrzeugdynamik und Regelungssystementwicklung aufgezeigt. Anschließend wird die entwickelte Simulationsumgebung am IVK/FKFS beschrieben. Eine vollständige Darstellung der nach heutigem Stand der Technik zur Verfügung stehenden Simulationsmethoden und -programme ist im Rahmen dieser Arbeit nicht zielführend. Vielmehr soll ein Überblick zu etablierten Methoden gegeben werden. Für eine ausführliche Beschreibung wird z. B. auf [1, 16, 42, 51, 90] verwiesen.

Ausgangspunkt für jeden eigenen Modellierungsansatz oder die Auswahl eines geeigneten, kommerziellen Simulationstools stellt immer die Aufgabenstellung dar [19, 101]. Für die in den vorangehenden Abschnitten beschriebenen Aufgaben ist die Methode der Mehrkörpersysteme (MKS) zur Beschreibung der Dynamik eines Fahrzeugs auf dem Prüfstand oder auf der Straße geeignet [4, 62, 113, 157]. Die MKS-Methode dient der Beschreibung der Kinematik und Dynamik mechanischer Systeme.

Hingegen sind für die Entwicklung des erweiterten Regelungskonzepts und des Reglerentwurfs die blockschaltbildorientierten Methoden zweckmäßig. Diese sind vor allem aus systemtechnischen Betrachtungsweisen entstanden [1]. Sie sind z. B. in der Sphäre allgemeiner, systemdynamischer Analysen mechatronischer Systeme sowie in der Steuerungs- und Regelungstechnik etabliert [1, 51]. Die Modellierung und Strukturierung der Systeme erfolgt in Form von Signalflussplänen, bei denen die Übertragungsblöcke unterschiedlichster Teilsysteme und Funktionen über definierte Schnittstellen miteinander verbunden werden [1]. Hier hat sich das Programm MATLAB/Simulink etabliert [1, 112].

Nachfolgend werden zunächst die Simulationsprogramme zum MKS-Ansatz vorgestellt, die auch im Rahmen dieser Arbeit genutzt werden. Anschließend wird die entwickelte Simulationsumgebung vorgestellt, die sowohl die MKS- als auch blockschaltbildorientierte Methoden nutzt.

Für die Fahrdynamiksimulation stehen bereits unterschiedliche, kommerzielle Simulationsprogramme zur Verfügung. Nach beispielsweise [1, 63, 64, 120] können diese Simulationsprogramme in Special-Purpose- und Multi-Purpose-Tools untergliedert werden. Multi-Purpose-Tools werden dabei teilweise auch als General-Purpose-Tools bezeichnet. Ausführliche Übersichten zu vorhandenen, kommerziellen Simulationsprogrammen sind z. B. in [51], [1] und [123] zu finden, weshalb an dieser Stelle auf eine Aufzählung verzichtet wird.

Multi-Purpose-Tools, wie z. B. SIMPACK oder Adams, sind nicht nur für die Fahrzeugdynamik geeignet. Sie ermöglichen es generell die Dynamik von mechanischen Systemen, wie z. B. Robotern, zu beschreiben, sofern diese mit dem MKS-Ansatz abgebildet werden können [1]. Durch diese Tools kann auch der HRW modelliert und mit einem Fahrzeugmodell verbunden werden.

Special-Purpose-Tools, wie z. B. IPG CarMaker oder ASM Vehicle Dynamics der Firma dSPACE, basieren ebenfalls auf dem MKS-Ansatz. Jedoch fokussieren sie sich rein auf die Fahrzeuganwendungen und haben fest definierte Bewegungsgleichungen in Form von Black Boxen. Special-Purpose-Tools erlauben es in ihrem Standardumfang nicht, das Mehrkörpersystem oder dessen Bewegungsgleichungen zu ändern. Dadurch können sie standardmäßig nicht für den HRW-Anwendungsfall genutzt werden. Bei Special-Purpose-Tools spielt auch die Echtzeitanwendung für z. B. Hardware-in-the-Loop (HIL) eine wichtige Rolle. Aus diesem Grund werden bei diesen Programmen Vereinfachungen im Vergleich zur allgemeinen Modellierung in Multi-Purpose-Tools gemacht [1]. Hingegen ist die Echtzeitfähigkeit von Multi-Purpose-Tools nicht immer gegeben und abhängig von z. B. der vorliegenden Gesamtsystemkomplexität oder Topologie des Mehrkörpersystems [1, 51]. Um die Modelle später am realen HRW für die Regelung nutzen zu können, ist die Echtzeitfähigkeit der Modelle eine notwendige Voraussetzung. Aufgrund der Einschränkungen der kommerziellen Simulationsprogramme wird ein eigenes Fahrzeugmodell für die Prüfstands- und Straßensimulation sowie für den Reglerentwurf im Rahmen des modularen, erweiterten Regelungskonzepts entwickelt, das zur Klasse der Special-Purpose-Tools zuzuordnen ist. Diese Thematik wird in Kapitel 4 erneut aufgegriffen und ausführlicher diskutiert.

Im Rahmen dieser Arbeit entsteht eine modulare Simulationsumgebung, die nachfolgend kurz erläutert werden soll. Die Simulationsumgebung besteht aus Prüfstands- und Fahrzeugmodellen, wobei sowohl die Fahrzeugdynamik auf dem Prüfstand als auch klassisch auf der Straße simuliert werden kann. In Abhängigkeit des Anwendungsfalls werden Modelle unterschiedlicher Komplexität und Modelltiefe entwickelt und verwendet. Die Modelle lassen sich in drei Kategorien einteilen [157]:

a) Stark vereinfachte Modelle mit eingeschränkter oder isolierter Dynamik, die z. B. nur die Querdynamik beschreiben können

b) Ganzheitliche, räumliche Fahrzeugmodelle, die echtzeitfähig sind und die gekoppelte 3D-Fahrzeugdynamik beschreiben können

c) Komplexe MKS-Modelle

Beispiele für die erste Kategorie sind das Einspurmodell oder das in [4] eingeführte Einachs-Wankmodell. Mit Hilfe dieser Modelle konnten die grundsätzlichen Haupteffekte der Dynamik eines Fahrzeugs unter den gegebenen Prüfstandsbedingungen betrachtet und mit der klassischen Dynamik auf der Straße verglichen werden. Basierend auf diesen Analysen entstand auch die Grundidee für das hier umgesetzte modulare, erweiterte Regelungskonzept.

Die Modelle der zweiten Kategorie sind vergleichbar mit den Special-Purpose-Tools, stellen jedoch eine Eigenentwicklung dar, um sowohl den Fall eines Fahrzeugs auf der Straße als auch auf dem HRW abbilden zu können. Diese Modelle werden in Kapitel 4 genauer diskutiert, wobei eine angepasste Version dieser Modellkategorie auch die Grundlage für die Reglerentwürfe in Kapitel 5 darstellt. Sie werden ferner für klassische Simulationsaufgaben wie Sensitivitätsanalysen, die Entwicklung von Parameteridentifikationsverfahren oder zur Erarbeitung neuer Fahrdynamikregelsysteme verwendet.

Die dritte Kategorie beinhaltet detaillierte, komplexe Gesamtfahrzeugmodelle, die mit dem Multi-Purpose-Simulationstool SIMPACK erstellt und simuliert werden. Diese Modelle sind in der Lage, die ganzheitliche Fahrzeugdynamik bis in den hohen Frequenzbereich abzubilden [13, 63, 101, 148]. Diese Modellkategorie wird z. B. dazu verwendet, neue Regler vorab zu testen, bevor diese im realen System genutzt werden. Auch für die Simulationsanalyse und Verifikation der entwickelten Regler in Kapitel 6 werden Modelle dieser Kategorie genutzt. Für diese Kategorie wird eine Co-Simulationsumgebung aufgebaut, die das MKS-Softwareprogramm SIMPACK mit MATLAB/Simulink koppelt. Dadurch können die Stärken beider Simulationswerkzeuge genutzt und verbunden werden. Die komplexe Fahrzeug- und Prüfstandsdynamik ist in SIMPACK modelliert, während MATLAB/Simulink für die Ansteuerung und Regelung des Prüfstands oder zur Einbringung von Fahrereingaben verwendet wird.

3 Grundlagen

In diesem Kapitel werden die theoretischen Grundlagen zu den verwendeten Methoden zur Modellierung und Regelung beschrieben. Aus Umfangsgründen werden diese nur oberflächlich behandelt. Für tiefergehende Einblicke wird an passender Stelle auf weitergehende Literatur verwiesen. Zur Beschreibung der Dynamik eines Fahrzeugs auf dem HRW für den Reglerentwurf wird dieses in Kapitel 4 als Mehrkörpersystem mit starren Körpern modelliert. Deshalb sind im folgenden Abschnitt die Grundlagen hierzu kurz erklärt. Im zweiten Abschnitt werden grundlegende Begriffe und Vorgehensweisen der Regelungstechnik erläutert, die für das modulare, erweiterte Regelungskonzept und die hier entwickelten Regler relevant sind.

3.1 Mehrkörpersysteme

Die Methodik der Mehrkörpersysteme (MKS) dient zur Modellierung mechanischer Systeme und Mechanismen. Sie kann in zwei Hauptthemen aufgeteilt werden, die Kinematik und die Dynamik. Die Kinematik ist „die Lehre von der Geometrie der Bewegungen von Punkten und Körpern" [153]. Bei der Dynamik hingegen „wird der Zusammenhang zwischen Kräften und Bewegungen untersucht" [153].

Ferner kann die Dynamik in zwei weitere Vorgehensweisen unterteilt werden, die Direkte Dynamik und die Inverse Dynamik. Bei der Direkten Dynamik werden die resultierenden Bewegungen aus wirkenden Kräften und Momenten berechnet und untersucht. Bei der Inversen Dynamik wird dieser Denkansatz umgekehrt und es werden die notwendigen Kräfte und Momente berechnet, damit ein Körper eine vorgegebene Bewegung durchführt. Die Inverse Dynamik ist somit bereits an den Regelungsgedanken angelehnt. Besonders Regelungsansätze aus der Robotik, wie z. B. die Computed-Torque-Methode (deutsch: Methode der berechneten Momente), nutzen diese Formulierung und Denkweise [36, 81, 135, 153]. Dabei werden z. B. in der Simulation vorausberechnete Momente als Vorsteuerung genutzt, um einen realen Roboter entlang einer Trajektorie zu bewegen.

Nach [153] besteht ein klassisches Mehrkörpersystem (MKS) aus massebehafteten starren Körpern, deren Bewegungen durch Zwangsbedingungen geometrisch beschränkt sind. Bei moderneren Ansätzen können diese Körper auch elastisch modelliert sein. Auf die Körper wirken verteilte und diskrete Kräfte und

© Springer Fachmedien Wiesbaden GmbH, ein Teil von Springer Nature 2020
A. Ahlert, *Ein modellbasiertes Regelungskonzept für einen Gesamtfahrzeug-Dynamikprüfstand*, Wissenschaftliche Reihe Fahrzeugtechnik Universität Stuttgart, https://doi.org/10.1007/978-3-658-30099-9_3

Momente ein, die entweder auf masselose Kraftelemente wie z. B. Federn und
Dämpfer oder auf Reaktionskräfte zurückgehen [121, 153]. Eine anschauliche
Darstellung eines MKS und der dazugehörigen Modellelemente ist in Abbildung
3.1 gegeben.

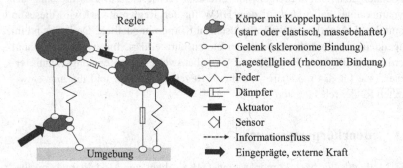

Abbildung 3.1:   Modellelemente eines Mehrkörpersystems, nach [101]

Beim MKS-Ansatz wird zwischen freien und gebundenen Systemen unterschieden [153]. Bei freien Systemen können die Körper sich frei im Raum
bewegen und die Lagekoordinaten beliebige Werte annehmen. Bei gebundenen
Systemen sind einzelne Körper dagegen durch Gelenke mit der Umgebung oder
untereinander verbunden, wodurch die Bewegungsmöglichkeiten beschränkt
werden. Diese Unterscheidung ist insbesondere in Bezug auf die Fahrzeugdynamik auf der Straße im Unterschied zum Fall auf dem HRW zu machen.
Gelenke und Lagestellglieder werden verallgemeinert unter dem Überbegriff
Bindungen zusammengefasst. Die Bindungen reduzieren die Bewegungsmöglichkeiten der Körper und damit die Freiheitsgrade des Gesamtsystems.
Bindungen können basierend auf ihren physikalischen Eigenschaften klassiert
werden [153], wobei für eine Beschreibung und Unterscheidung zwischen holonomen, nichtholonomen sowie skleronomen und rheonomen Bindungen auf beispielsweise [121, 153] verwiesen wird. Durch die Verbindung von verschiedenen
Körpern durch Bindungen entstehen kinematische Ketten. Die daraus resultierenden MKS lassen sich weiter in zwei topologische Grundprinzipien klassieren,
Offene und Geschlossene [101, 123, 153]. Ein abstraktes Beispiel ist in Abbildung 3.2 dargestellt.

Bei offenen MKS hat jeder Körper exakt einen Vorgängerkörper. Der kinematische Pfad zwischen den Körpern ist damit eindeutig definiert. Offene MKS
können entweder in Baum- oder in Kettenstruktur vorliegen. Die Anzahl der
Körpern und Gelenke ist für diesen Fall identisch. Diese Struktur zeichnet sich

dadurch aus, dass ausgehend vom ersten Körper der Kette, der sogenannten Baumwurzel, jeder Körper mehrere Nachfolger haben kann, aber nur einen Vorgänger [153]. Aufgrund dessen kann die Kinematikanalyse rekursiv durchgeführt werden, was in Kapitel 4 ausgenutzt wird, um Bewegungsgleichungen automatisiert herleiten und einen Modellansatz für verschiedene Anwendungsfälle nutzen zu können. Offene MKS können ferner durch gewöhnliche Differentialgleichungssysteme (engl.: systems of ordinary differential equations, ODE-System) beschrieben werden. Ein offenes MKS, das aus holonomen Bindungen mit n Freiheitsgraden besteht, kann ferner durch geeignete Wahl von n unabhängigen Koordinaten eindeutig beschrieben werden. Diese Koordinaten legen die Lage des Systems eindeutig fest und werden Minimalkoordinaten genannt [121]. In diesem Fall sind alle Bindungsgleichungen der Gelenke in den Bewegungsgleichungen integriert. Die Anzahl der Gelenkkoordinaten ist dann identisch zur Anzahl der Freiheitsgrade des Systems. Die resultierenden Bewegungsgleichungen werden somit durch ein ODE-System mit einer minimalen Anzahl an Gleichungen beschrieben [36, 121, 153]. Sie sind geeignet, um die Dynamik des Systems zu beschreiben oder Reglergesetze abzuleiten.

Dabei soll erwähnt werden, dass es unter Berücksichtigung der Regelungsaufgabe von Vorteil ist, ein mechanisches System durch ein offenes MKS zu formulieren [36, 153]. Bei diesen sind die resultierenden ODEs durch numerische Standardintegrationsverfahren lösbar und somit generell echtzeitfähig. Darüber hinaus ist diese mathematische Darstellung eine notwendige Voraussetzung für die etablierte Regelungstheorie [53]. In Kapitel 4 wird das Fahrzeug auf dem HRW darum durch eine Baumstruktur modelliert.

Kette (offen)   Baum (offen)   Schleife (geschlossen)

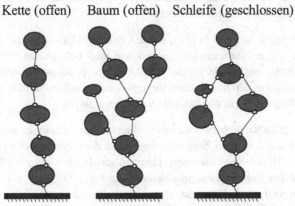

Abbildung 3.2: Topologien von Mehrkörpersystemen, in Anlehnung an [121]

Im Gegensatz dazu haben geschlossene MKS mehr Gelenke als Körper, wodurch Schleifenstrukturen entstehen. Da in diesem Fall der Weg zwischen zwei Körpern nicht mehr eindeutig bestimmt ist, kann die Kinematik nicht mehr rekursiv ermittelt werden. Unter anderem deshalb können geschlossene MKS mit komplexen Schleifenstrukturen zu Differential-Algebraischen-Gleichungssystemen (DAE-System) führen [101, 153]. Dies ist für viele Radaufhängungen der Fall [1, 17, 101]. Hierfür ist die Echtzeitfähigkeit nicht immer gegeben [11, 17], weil die Lösung dieser Gleichungen generell iterativ erfolgt [1, 11, 101] oder es müssen komplexe numerische Stabilisierungs-, Projektions- oder Reduktionsmethoden sowie spezielle Integrationsverfahren verwendet werden [5, 8, 20, 24, 36, 138, 140]. Auch die Regelungstheorie liefert für dynamische Systeme in DAE-Form eine beschränkte Anzahl an Lösungsansätzen und ist mit einer erhöhten Komplexität verbunden [53]. Daher wird in dieser Arbeit bei der Modellierung so vorgegangen, dass ein offenes Mehrkörpersystem entsteht.

Auf genauere Definitionen, Klassierungen, Herleitungen und tiefergehende Beschreibungen hinsichtlich Themen wie Methoden der Dynamik, Algorithmen, etc. soll hier nicht detaillierter eingegangen werden. Diese sind in Grundlagenliteratur zu Mehrkörpersystemen und der technischen Dynamik, wie beispielsweise [8, 32, 36, 103, 116, 121, 152, 153], vorhanden.

3.2   Regelungstechnik mit Fokus auf mechanische Systeme

Im vorliegenden Abschnitt sollen die für diese Arbeit wesentlichen Grundlagen zur Regelungstechnik mit Fokus auf mechanische Systeme eingeführt werden. Erneut wird für tiefergehende Beschreibungen an geeigneter Stelle beispielhaft auf die dazugehörige Literatur verwiesen.

In Anlehnung an Slotine und Li [133] sowie Lunze [85] kann das Ziel der Regelungsentwicklung im vorliegenden Kontext wie folgt beschrieben werden: Die Regelungsaufgabe besteht darin, ein physikalisches, dynamisches System (die Regelstrecke) von außen durch einen Regler so zu beeinflussen, dass es im geschlossenen Regelkreis ein gewünschtes Verhalten aufweist.

Hierbei muss grundsätzlich zwischen zwei Regelungsproblemen bzw. -aufgaben unterschieden werden, dem Stabilisierungs- und dem Folgeregelungsproblem [37, 84, 85, 133]. Bei Stabilisierungsproblemen spricht man von einer Festwertregelung und bei Folgeregelungsproblemen von einer Folgeregelung [85]. In dieser Arbeit wird ein Folgeregelungsproblem behandelt, weshalb nachfolgend nicht näher auf Stabilisierungsprobleme eingegangen wird. Bei der Folgeregelung mechanischer Systeme wird zudem zwischen zwei Aufgaben unterschieden. Einerseits gibt es die Aufgabenstellung, einer vorgegebenen Trajektorie in Form eines Wegs oder Pfads nur auf Positionsebene zu folgen (englisch: path following) [18, 53, 58]. Andererseits gibt es die Aufgabe, gewünschten Trajektorien in Form von Bewegungsvorgaben zu folgen (englisch: trajectory tracking oder motion tracking) [53, 81, 135]. In dieser Arbeit wird dies zur besseren Unterscheidung als Trajektorienfolgeregelung bezeichnet.

Beim path following werden keine zeitlichen Anforderungen an die Dauer gestellt, die das System zum Durchfahren der Trajektorie benötigt. Das Ziel ist es hauptsächlich, dass die Regelstrecke einem festgelegten Pfad möglichst genau folgt. Bei der dazugehörigen Trajektorienplanung erfolgt damit nur eine Vorgabe von gewünschten Positionen und Orientierungen.

Beim trajectory oder motion tracking ist hingegen auch relevant, wie schnell das System den vorgegebenen Trajektorien folgt. Dementsprechend wird bei der Trajektorienplanung der gewünschte Bewegungsverlauf, sozusagen die Dynamik oder das dynamische Verhalten, durch ein sogenanntes Referenzsystem in Form von Positionen, Orientierungen, Geschwindigkeiten sowie Beschleunigungen vorgegeben. Die Trajektorien bestehen in diesem Fall in konsistenter Weise aus zeitabhängigen Vektoren auf Positions-, Geschwindigkeit- und Beschleunigungsebene. Das Ziel ist es nun insgesamt, das dynamische Verhalten einer mechanischen Regelstrecke und somit seine Dynamik so zu beeinflussen, dass es den vom Referenzsystem geplanten Bewegungsvorgaben bzw. Trajektorien folgt. Wenn im Idealfall die Regelstrecke den Bewegungsvorgaben perfekt folgt, so bedeutet dies, dass das dynamische Verhalten bzw. die Dynamik des geschlossenen Regelkreises identisch zum gewünschten dynamischen Verhalten des Referenzsystems ist. Folglich wird einer mechanischen Regelstrecke durch die Regelung von außen ein Bewegungsverhalten oder besser ausgedrückt, ein gewünschtes dynamisches Verhalten bzw. eine gewünschte Dynamik aufgeprägt. Dies wird an geeigneter Stelle in Abschnitt 5.2 näher erläutert und auch z. B. in [53, 81, 133] beschrieben.

In dieser Arbeit ist die Folgeregelung in Bezug auf Trajektorien in Form von Bewegungsvorgaben relevant, weil dadurch dem Hybrid-mechanischen System durch eine zusätzliche Regelung die Fahrzeugdynamik auf der Straße aufgeprägt werden kann. Diese Regelungsmethodik ist beispielsweise in den Bereichen der Flugregelung [18, 43, 94] und Robotik [54, 81, 135, 136, 151] etabliert. Sie ist aber generell zur Regelung mechanischer Systeme, siehe z. B. [53, 78, 129], geeignet und findet auch auf dem Gebiet der Fahrdynamikregelung immer mehr Anwendung [30, 34, 57, 59, 60, 96, 108].

Wie gut der geschlossene Regelkreis den Vorgaben bzw. Trajektorien folgen kann, wird in dieser Arbeit durch die Begriffe der Regelgüte oder Reglerperformance charakterisiert. Je besser den Vorgaben gefolgt wird, desto besser die Reglerperformance. Um beim vorliegenden Regelungsproblem eine hohe Reglerperformance zu erreichen, muss sowohl die Folgeregelungsaufgabe erfüllt als auch eine gute Störgrößenunterdrückung sichergestellt werden [53, 133, 135]. Hierzu ist ein Reglergesetz zu entwerfen, das in Abhängigkeit der gestellten Anforderungen und den gegebenen Randbedingungen die notwendigen Stellgrößen bestimmt, um bestmöglich den Trajektorien zu folgen [54, 133, 135]. Gleichzeitig muss stets sichergestellt werden, dass das System stabil den Trajektorien folgt. Dies bedeutet, dass Fehler durch äußere Störungen, Parameterunsicherheiten des Modells sowie unmodellierte dynamische Effekte unterdrückt oder kompensiert werden müssen. In Anlehnung an Lunze [85] kann der Lösungsweg für allgemeine Regelungsaufgaben stichwortartig wie folgt beschrieben werden:

1)   Formulierung der Regelungsaufgabe

2)   Auswahl der Mess- und Regelgrößen

3)   Auswahl der Stellgrößen

4)   Modellierung der Regelstrecke

5)   Reglerentwurf

6)   Analyse des Verhaltens des geschlossenen Regelkreises

7)   Realisierung des Reglers

Der erste Punkt wird oben bereits erörtert. Der zweite Punkt beantwortet die Frage, welche Größen gemessen und geregelt werden sollen bzw. können. Im dritten Punkt sind für mechanische Systeme zwei Entscheidungen zu treffen. Zum einen, welche Aktuatoren verwendet werden sollen bzw. welche zur Verfügung stehen. Zum anderen muss eine Zuordnung der Aktuatoren zu den Regelgrößen erfolgen. Werden innerhalb der Regelungsentwicklung modellbasierte Verfahren für Punkt fünf und/oder sechs angestrebt, so wird in einem vierten Schritt die Regelstrecke modelliert.

Anschließend erfolgt der Reglerentwurf, d.h. die Bestimmung des Reglergesetzes basierend auf geeigneten Regelungsverfahren. Zum Beispiel kann zwischen den Methoden der Ein-/Ausgangsregelung, der Zustandsregelung oder der linearen und nichtlinearen Regelung unterschieden werden. Auch die Entscheidung, ob nur eine reine Regelung durch Rückführung oder zusätzlich eine Vorsteuerung verwendet werden soll, wird hier getroffen. Zudem erfolgt die initiale Wahl der Reglerparameter innerhalb dieses Punktes. In Punkt sechs der Aufzählung wird der entworfene Regler mit dem Modell der Regelstrecke in der Simulation analysiert. Gegebenenfalls werden auch die Reglerparameter verbessert eingestellt oder optimiert. Der letzte Punkt befasst sich mit der Umsetzung des Reglers für die Endanwendung, z. B. in Form einer Mikrocontrollerprogrammierung. [37, 38, 52, 56, 84, 85, 98, 123, 128]

Die Punkte eins bis fünf werden in dieser Arbeit unter dem Begriff Regelungskonzept zusammengefasst. Diese fünf Punkte führen zu der Entwicklung des modularen, erweiterten Regelungskonzepts aus Kapitel 5. Es wird angemerkt, dass die Begriffe Regelungskonzept, Regelungsstrategie, Reglerentwurf, Reglerentwurfsverfahren oder Reglerentwurfsalgorithmus in der Literatur nicht eindeutig definiert und abgegrenzt sind. Sie werden teilweise auch als Synonyme verwendet.

Bei der Entwicklung eines Regelungskonzepts nach der hier verwendeten Definition sind stets mehrere Anforderungen sowie Zielkonflikte zu beachten. Die Qualität der Reglerperformance hängt unter anderem von der Qualität der Aktuatoren und Sensoren, der Modellgüte des Reglerstreckenmodells sowie dem verwendeten Reglerentwurfsverfahren ab. Die Art und Wahl des Reglerentwurfsverfahrens kann signifikante Auswirkungen auf die Reglerperformance und die damit verbundenen, möglichen Anwendungsfälle oder Betriebsbereiche haben [133, 135]. Insgesamt ist eine ganzheitliche Betrachtung aller Punkte bei der Regelungskonzeptentwicklung notwendig. Die obige Aufzählung ist somit nicht als eine starre Handlungsabfolge anzusehen, sondern erfordert eine iterative Anpassung der jeweiligen Punkte aneinander.

4 Modellierung der Fahrzeugdynamik

Eine notwendige Voraussetzung für den Reglerentwurf mit dem Ziel einer möglichst idealen Reglerperformance ist es, die Systemdynamik der Regelstrecke so genau wie nötig zu kennen. Es ist somit notwendig, die Regelstrecke, in diesem Fall das Hybrid-mechanische System, zu modellieren und das entstehende Modell für einen modellbasierten Reglerentwurf zu nutzen. Das Ziel ist es, das reale System so einfach wie möglich und so komplex wie nötig zu modellieren. Dies bedeutet, dass die für den Anwendungsfall relevanten dynamischen Eigenschaften berücksichtigt werden müssen, während z. B. Kontinuumsschwingungen oder hochfrequente Systemdynamik für die vorliegende Regelungsaufgabe vernachlässigbar sind.

4.1 Anforderungen, Ziele und Vorgehensweise

In diesem Kontext muss das System „Fahrzeug auf dem HRW" zur Nutzung im erweiterten Konzept in geeigneter Weise modelliert und für den Reglerentwurf zur Verfügung gestellt werden. Darüber hinaus soll das entwickelte Modell entsprechend Abschnitt 2.2 für unterschiedlichste Simulationsanwendungen verwendet werden können. Hierzu werden zunächst die Anforderungen und Ziele an das Fahrzeugmodell und die Simulationsumgebung wie folgt definiert:

- Das Fahrzeugmodell und die dazugehörige Modellierungsumgebung sollen in der Lage sein

  a. die ganzheitliche Fahrzeugdynamik auf dem HRW zu beschreiben, wobei einige Fahrzeugaufbaufreiheitsgrade gesperrt sind (gebundenes System in Bezug auf den Fahrzeugaufbau)

  b. als Streckenmodell für den Reglerentwurf für den HRW genutzt zu werden (gebundenes System in Bezug auf den Fahrzeugaufbau)

  c. die ganzheitliche Fahrzeugdynamik auf der Straße zu beschreiben (freies System in Bezug auf den Fahrzeugaufbau)

    i. Um als Referenzsystem im erweiterten Regelungskonzept genutzt werden zu können, siehe Abschnitt 5.2.4

    ii. Den Vergleich zwischen der Dynamik auf dem Prüfstand mit dem Anwendungsfall auf der Straße zu ermöglichen

© Springer Fachmedien Wiesbaden GmbH, ein Teil von Springer Nature 2020
A. Ahlert, *Ein modellbasiertes Regelungskonzept für einen Gesamtfahrzeug-Dynamikprüfstand*, Wissenschaftliche Reihe Fahrzeugtechnik Universität Stuttgart, https://doi.org/10.1007/978-3-658-30099-9_4

■ Offenheit, Modularität und Erweiterbarkeit des Modells und der Simulationsumgebung (white box)

■ Echtzeitfähigkeit der Modelle

■ Bewegungsgleichungen sollen in analytischer Form in einem symbolischen Berechnungsprogramm vorliegen, um

    a. die Gleichungen für die Regelung nutzen zu können, unter anderem zur Modellinversion

    b. die Systemdynamik und wesentliche Systemeigenschaften analytisch analysieren zu können

    c. die Gleichungen manipulieren, anpassen oder vereinfachen zu können, z. B. durch Linearisierung, Entkopplung, etc.

Diese Punkte stellen eine Kombination aus strengen Anforderungen für die Fahrzeugdynamikmodellierung, Echtzeitsimulation und den Reglerentwurf dar. Es ist daher notwendig, die Modellierung, das Regelungskonzept und den Reglerentwurf ganzheitlich zu betrachten. Dabei sollen das Modell und die dazugehörigen Gleichungen so formuliert werden, dass etablierte Reglerentwurfsverfahren direkt darauf anwendbar sind.

Keines der kommerziell verfügbaren Simulationsprogramme aus Abschnitt 2.3 erfüllt alle formulierten Ziele und Randbedingungen gleichzeitig. Multi-Purpose-Tools können ein bestehendes Fahrzeugmodell mit Prüfstandsmodellen verbinden und die genannten Aufbaufreiheitsgrade sperren, sind aber generell nicht echtzeitfähig. Special-Purpose-Tools sind zwar echtzeitfähig, haben aber im Standardumfang nicht die Möglichkeit, die Fahrzeugmodelle unter gegebenen Prüfstandsbedingungen zu simulieren. Zudem liefert keines der kommerziellen Tools die Bewegungsgleichungen in analytischer Form, weshalb kein Reglergesetz mit ihrer Hilfe abgeleitet werden kann.

Insgesamt ergibt sich für die Entwicklung einer verbesserten Prüfstandsregelung sowie zur Erreichung der oben formulierten Ziele die Notwendigkeit, die Fahrzeugdynamik auf dem HRW und der Straße selbst zu modellieren und die dazugehörigen Bewegungsgleichungen herzuleiten. Es ist überdies möglich, eine holistische Methodik zur Modellierung von Fahrzeugmodellen mit einer dazugehörigen automatisierten Herleitung der Bewegungsgleichungen in analytischer Form zu entwickeln, die über die hier formulierten Anforderungen und Ziele hinausgeht. Dies wird in Abschnitt 4.3 thematisiert und erfolgt anhand von geeigneten MKS-Methoden und symbolischen Berechnungsverfahren. Damit wird es z. B. gleichzeitig möglich, echtzeitfähige Fahrzeugmodelle für den Einsatz im Fahrsimulator zu generieren oder verbesserte Fahrdynamikregelsysteme für die klassische Anwendung auf der Straße zu entwickeln. Da die Bewegungsgleichungen in analytischer Form zur Verfügung gestellt werden, können zukünftig auch beispielsweise Reglerentwürfe für die integrierte Fahrdynamikregelung anhand eines physikalischen, ganzheitlichen 3D-Fahrzeugdynamikmodells mit hohem Komplexitätsgrad entworfen werden.

Das entwickelte Modell sowie die dazugehörige Methodik liefern damit nicht nur einen Beitrag im Kontext des HRW, sondern auch eine mögliche Grundlage für optimierte Reglerentwürfe für Fahrdynamikregelsysteme, Fahrerassistenzsysteme und autonome Fahrfunktionen. Darüber hinaus sind die entstehenden Modelle entsprechend der formulierten Forschungsziele auf S. 2 für Parameteridentifikationsaufgaben geeignet. Das Modell ist nach aktuellem Stand der Technik angelehnt an die Special-Purpose-Tools. Dadurch können die identifizierten Parameter auf dem HRW auf etablierte Tools übertragen verwenden. Aber auch für klassische Simulationsanalysen, wie z. B. in Bezug auf Parametersensitivitäten, kann das entwickelte Modell verwendet werden. Ein Nachweis der Gültigkeit bzw. die Validierung der entwickelten Methodik durch Abgleich mit kommerziellen Simulationstools ist im Rahmen einer weiteren Veröffentlichung geplant. Deswegen wird in dieser Arbeit auf die Darstellung der Validierung verzichtet.

Insgesamt können die folgenden Aufgabenpakete für die Entwicklung eines Fahrzeugmodells formuliert werden:

■ Auswahl eines geeigneten Modellierungsansatzes und einer Modellstruktur mit wohldefinierten Schnittstellen zwischen den Teilmodellen und Subsystemen

■ Auswahl einer automatisierbaren Methodik zur Herleitung der Bewegungsgleichungen. Das heißt, es ist ein wohldefinierter Algorithmus gewünscht, mit dem methodisch die Bewegungsgleichungen durch symbolische Berechnungsverfahren hergeleitet werden können. Folgende Punkte sollen beachtet werden:

   a. Eine einfache Übertragbarkeit und Anpassbarkeit an unterschiedliche Anwendungsfälle, beispielsweise zwischen der Straßen- und Prüfstandsanwendung

   b. Die gewünschte Modularität soll durch wohldefinierte Schnittstellen ermöglicht werden

■   Implementierung der Methodik in MATLAB mit der Symbolic Math Tool-
    box (hier nicht näher beschrieben)

■   Einbindung der Bewegungsgleichungen und Kombination mit unab-
    hängigen Subsystemmodellen zur Offline-Simulation in Simulink oder auf
    echtzeitfähigen Hardwareplattformen (hier nicht näher beschrieben)

Im folgenden Unterkapitel wird zunächst die Lösung zum ersten Aufgabenpaket
genauer erläutert und das resultierende Modell vorgestellt. Danach wird der
Prozess zur Herleitung der Bewegungsgleichungen gekürzt und abstrahiert vorgestellt. Anschließend werden die resultierenden Bewegungsgleichungen für den
Reglerentwurf am HRW kompakt beschrieben.

4.2   Modellierungsansatz und Schnittstellen

Die definierten Anforderungen und Ziele lassen sich aus Modellsicht erfüllen, indem verschiedene Modellierungsansätze zur Beschreibung der Fahrzeugdynamik
und deren Subsysteme, wie sie in der Literatur bereits ausführlich beschrieben
sind, miteinander auf geeignete Weise kombiniert werden. Deshalb ist es nicht
notwendig, neue Modellierungsansätze zu generieren. Stattdessen ist eine ziel-
führende Vorgehensweise, etablierte Modellierungsansätze zu nutzen und diese
unter Verwendung von MKS-Methoden zu einem Gesamtsystem zu verbinden.
Für das resultierende System lassen sich die Bewegungsgleichungen anhand
eines ausgewählten MKS-Formalismus nach Woernle [153] effizient und auto-
matisierbar durch Nutzung von symbolischen Berechnungsverfahren herleiten.
In diesem Abschnitt werden die verwendeten Modellierungsansätze, und Schnittstellen des sich ergebenden Gesamtfahrzeugmodells kurz beschrieben.

Ein geeigneter Modellierungsansatz für diesen Anwendungsfall ist es, das
Gesamtfahrzeug als räumliches Zweispurmodell mit einer nichtlinearen, kenn-
feldbasierten Radaufhängungskinematik zu modellieren. Die Beschreibung der
Raderhebungskurven erfolgt dabei durch die Verwendung von Kinematik-Kennfeldern [1, 17, 68, 111, 116, 117, 154]. Diese Modellart wird Ende des 20. Jahr-
hunderts entwickelt und parallel durch unterschiedliche Forschungsarbeiten, wie
beispielsweise [55, 114, 118, 119], eingeführt. Anschließend wird sie z. B. durch
Ansätze zur Einbeziehung der Elastokinematik verbessert und erweitert [65, 73,
138, 145].

Der Ansatz der Beschreibung der Radführung durch Kinematik-Kennfelder stellt
eine Modellreduktion dar. Das heißt, dass keine vollständige Beschreibung der
Radführung bzw. des Fahrwerks mit allen Massen- und Elastizitätseigenschaften

gegeben ist. Diese Art der Modellierung kann deswegen nur für den nieder-frequenten Bereich verwendet werden und ist nur begrenzt für Komfortunter-suchungen geeignet.

Dennoch kann hiermit die gekoppelte 3D-Fahrzeugdynamik z. B. im quer-dynamisch relevanten Bereich einer Lenkradwinkeleingabe bis 5 Hz beschrieben werden [1, 68, 101, 114, 115, 138, 154]. Somit ist dieser Ansatz für den Anwen-dungsfall der Regelung des HRW geeignet. Zudem hat er den Vorteil, dass das resultierende MKS-Fahrzeugmodell eine offene MKS-Topologie in Baum-struktur hat. Dies bedeutet, dass das Modell mathematisch durch ein ODE-System beschrieben werden kann, wenn das MKS in Minimalkoordinaten formuliert ist [138, 153]. In diesem Fall ist das Modell generell echtzeitfähig, wenn eine ausreichende Rechenleistung zur Verfügung steht [11]. Ferner können solche Modelle theoretisch mit Hilfe des HRW und angedachter zusätzlicher Messtechnik sowie den weiteren, bestehenden Prüfstandseinrichtungen des IVK/FKFS parametriert werden. Auch systemtheoretisch betrachtet ist es für den Reglerentwurf zielführend, eine Modellierung der Regelstrecke durch offene MKS-Topologien in Minimalkoordinaten anzustreben. Denn dadurch wird auto-matisch eine günstige mathematische Darstellung erzeugt [36, 53, 135, 153] und somit der Reglerentwurf vereinfacht. Die resultierenden Gleichungen können z. B. direkt für die Systemanalyse oder zur Bestimmung einer Vorsteuerung durch Modellinversion verwendet werden. An diesem Punkt kann z. B. auf bekannte Verfahren aus der Robotik zur Regelung der Dynamik mechanischer Systeme zurückgegriffen werden, die beispielsweise in [2, 52, 54, 56, 81, 133, 135, 151] beschrieben sind.

Im Vergleich dazu führt eine vollständige Modellierung der Radaufhängung mit allen Lenkern, Spurstangen, etc. zu kinematischen Schleifen und somit in den meisten Fällen zu DAE-Systemen [1, 11, 101, 123, 138]. Diese können zwar theoretisch auch in Echtzeit berechnet werden, allerdings sind hierfür komplexe Projektions- und numerische Stabilisierungsverfahren notwendig [1, 8, 11, 20, 24, 36, 138, 140]. Die höhere Modellgüte wird damit durch einen erhöhten Berechnungsaufwand und eine gesteigerte Komplexität erkauft. Darüber hinaus wächst der Parametrierungsaufwand, weil die Anlenkpunkte, Lenkereigen-schaften, etc. bestimmt werden müssen. Folglich werden ggf. eine Demontage der Achsen und weitere, spezialisierte Prüfstände notwendig. Auch die Nutzung solcher Modelle für die Regelung ist komplexer und es sind weniger etablierte Regelungsverfahren vorhanden [53].

Alles in allem ist die gewählte Modellierung mit der Beschreibung der Rad-führung über Kinematik-Kennfelder insbesondere in Bezug auf die angedachten

HRW-Anwendungen geeignet und erfüllt gleichzeitig sämtliche formulierten Ziele und Anforderungen. Nachfolgend wird das resultierende Fahrzeugmodell näher beschrieben.

Das Fahrzeugmodell zur Beschreibung der Fahrzeugbewegung auf der Straße und dem HRW besteht aus neun Körpern: einem Fahrzeugaufbau bzw. der Karosserie, vier Radträgern und vier Rädern. Die Körper sind über holonome Bindungen bzw. Gelenke miteinander verbunden. Das System hat für die Straßenanwendung 14 Freiheitsgrade und elf Freiheitsgrade für die Anwendung auf dem HRW. Zusätzlich werden unterschiedliche masselose Kraftelemente verwendet, die z. B. die Fahrwerkfedern und -dämpfer oder die Reifen modellieren. Die dazugehörige offene MKS-Topologie in Baumstruktur ist in Abbildung 4.1 dargestellt.

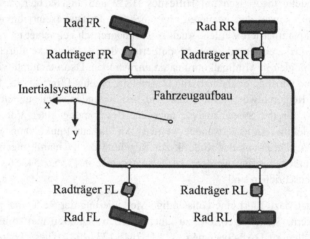

Abbildung 4.1: MKS-Topologie des Fahrzeugmodells als Baumstruktur (FL: front left, FR: front right, RL: rear left, RR: rear right)

Der Fahrzeugaufbau ist der erste Körper der kinematischen Kette und beschreibt die Relativbewegung zum Inertialsystem. Die Modellierung dieser Bewegungsmöglichkeiten wird stets durch ein geeignetes skleronomes Gelenk realisiert. Im Vergleich zur Straßenanwendung hat der Fahrzeugaufbau auf dem HRW nur drei statt sechs Freiheitsgraden, da die translatorische Längs- und Querbewegung sowie das Gieren gesperrt sind. Damit verbleiben die Freiheitsgrade Huben, Nicken und Wanken.

Die translatorische Bewegung in z-Richtung findet auf dem HRW konstruktions-
bedingt unabhängig von der Drehung statt und ist immer in Inertialkoordinaten
gegeben. Die Rotation des Fahrzeugaufbaus lässt sich ähnlich zum bekannten
Fall auf der Straße [114, 122, 123] durch Kardanwinkel unter Verwendung einer
y-x-Drehung beschreiben. Dabei entspricht die erste Drehung um die y-Achse
dem Nicken und die zweite Drehung dem Wanken in Anlehnung an DIN ISO
8855 [104].

Die Radaufhängung wird beim gewählten Modellierungsansatz, wie erwähnt,
nicht als Ganzes mit allen Lenkern und Spurstangen ausmodelliert. Stattdessen
wird die Relativbewegung zwischen dem Fahrzeugaufbau und den Radträgern,
also die Radführung, jeweils durch ein spezielles, räumliches Gelenk realisiert.
Dieses Gelenk hat einen Freiheitsgrad zur Abbildung der Einfederungsbewegung
des Radträgers und eine rheonomen Schnittstelle für den Lenkungseinfluss auf
die Radstellung. Die Realisierung der restlichen fünf Radstellungen respektive -
bewegungen, wie z. B. die Spurweite oder die Sturzverstellung, erfolgt mit Hilfe
von Kinematik-Kennfeldern. Diese geben die restliche Radbewegung z. B. in
Abhängigkeit der Radträgereinfederungen und der Lenkung vor. In Abbildung
4.2 werden diese Zusammenhänge anschaulich gezeigt. Um eine mechanisch
konsistente Radträgerdynamik zu ermöglichen, müssen die Kennfelder nicht nur
auf Positions-, sondern auch auf Geschwindigkeits- und Beschleunigungsebene
berücksichtigt werden [55, 73, 138]. Ein Beispiel für ein Kinematik-Kennfeld
einer gelenkten Vorderachse ist im Anhang (Abbildung A.2) dargestellt, das auf
Positionsebene den Sturz in Abhängigkeit der Radträgereinfederung und der
Zahnstangenposition beschreibt.

Sämtliche Kraftelemente, wie Federn, Dämpfer, etc., werden ebenfalls unter
Nutzung kinematischer Zusammenhänge und Projektionsmethoden entlang des
Einfederungsfreiheitsgrads des Radträgers modelliert. Dies ist ebenfalls in Abbildung 4.2 angedeutet. Eine ausführlichere Beschreibung hierzu ist von Lang
[73] vorhanden.

Diese Art der Modellierung ist konsistent mit der eigentlichen, realen Radaufhängung. Diese hat die Aufgabe, den Radträger in geeigneter Weise zu führen,
sodass dieser nur noch einen Freiheitsgrad in Einfederungsrichtung für un-
gelenkte Achsen hat [46, 88, 147]. Handelt es sich um eine gelenkte Achse, so ist
noch zusätzlich die Lenkbewegung zu beachten. Mit Hilfe dieses Modellierungsansatzes wird somit ein reduziertes Modell einer Radführung erzeugt, das jedoch
die räumliche, nichtlineare Kinematik von beliebigen Radaufhängungen beschreiben kann. Detailliertere Beschreibungen zu diesem Ansatz sind z. B. in [1,
55, 73, 114, 122, 138, 145] zu finden.

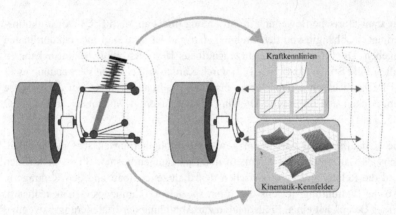

Abbildung 4.2:   Ansatz der Radaufhängungsmodellierung beruhend auf Kinematik-Kennfeldern zur Abbildung der nichtlinearen Radträgerbewegung und der Kraftelemente

Das elastokinematische Verhalten des Fahrwerks, d.h. die Verschiebung und die
Verdrehung der Radträgers relativ zur Karosserie aufgrund von Kräften und
Momenten, wird hier durch den Ansatz der zentralisierten Elastizität nach
Tobolar [138] berücksichtigt. In der englischen Literatur wird er auch com-
pliance matrix approach genannt [13, 72]. Bei diesem Ansatz werden erneut
Kennfelder verwendet, die in Abhängigkeit der wirkenden Kräfte und Momente
auf den Radträger zusätzliche Verschiebungen und Verdrehungen vorgeben. Die
elastokinematischen Bewegungen werden mit der vorher beschriebenen Grund-
kinematik des Gelenks superpositioniert.

Der beschriebene Modellierungsansatz zur Beschreibung von Radaufhängungen
durch Kennfelder entspricht nach wie vor dem Stand der Technik zur Echtzeitsimulation der Fahrzeugdynamik und hat sich in der Praxis bewährt. Auch die
Parametrierung der Kennfelder ist durch K&C-Prüfstände bereits Industrie-
standard [31, 68, 117, 154].

Schließlich wird die Eigendrehung der Räder durch ein einfaches skleronomes
Gelenk mit einem Drehfreiheitsgrad relativ zum Radträger abgebildet. Für den
Reglerentwurf in den Abschnitten 5.3.2 bis 5.3.5 wird die Radeigendrehung
wieder entfernt bzw. entkoppelt, um diesen unter anderem zu vereinfachen und
den Rechenzeitbedarf zu verringern. Die Entkopplung der Radeigendrehung ist
nach Rill [114, 116] legitim, da der Einfluss der Kopplungseffekte zwischen dem
Rad und dem Radträger vernachlässigbar ist.

Mit zusätzlichen Subsystemen wird schließlich eine holistische Gesamtfahrzeug-simulation ermöglicht. Diese Subsysteme sind z. B Lenkungssystemmodelle, Fahrwerkkraftelemente, wie Feder und Dämpfer, kennfeldbasierte Aerodynamik, Reifenmodelle und Drehmomentschnittstellen für Antriebs- und Bremsmomente. Innerhalb der resultierenden Bewegungsgleichungen des Fahrzeugmodells werden hierfür standardisierte Schnittstellenvariablen als Platzhalter eingeführt, um unterschiedlichste Subsystemmodelle verwenden zu können und eine überschaubare Darstellung der Bewegungsgleichungen zu ermöglichen. Dadurch wird auch die Modularität und Flexibilität erhalten.

Beispielsweise werden eingeprägte Kräfte und Momente als Schnittstellen-variablen zur Kopplung mit den Fahrwerkskraftelementen oder den Reifen-modellen verwendet. Der Herleitungsprozess, der im nächsten Abschnitt kurz erläutert ist, hängt somit nicht direkt von den verwendeten Subsystemmodellen, deren physikalischen Eigenschaften sowie mathematischen Beschreibungen ab. Auf diese Weise werden die Subsystemmodelle vom Herleitungsprozess ent-koppelt und können eigenständig entwickelt, implementiert und validiert werden. Zur späteren Integration in das Gesamtfahrzeugmodell müssen diese nur die notwendigen Schnittstellenvariablen zur Verfügung stellen. Andererseits erhalten die Subsystemmodelle bei der Integration alle notwendigen kinematischen Infor-mationen vom Fahrzeugmodell, wie z. B. Positionen oder Geschwindigkeit der Räder.

Für die Prüfstandsanwendung auf dem HRW kommen weitere Subsystem-modelle hinzu, die z. B. die Einflussgrößen des CGR und der Flachbandeinheiten auf das Fahrzeug abbilden. Beispielsweise werden für das CGR deshalb eine Wankmoment-, eine Nickmoment- sowie eine Vertikalkraftschnittstelle vorge-sehen, die auch im Regelungskonzept dieser Arbeit verwendet werden. Bei der Modellierung des Reifen-Flachband-Kontakts kann die Oberfläche einer Flach-bandeinheit als bewegte Fahrbahn interpretiert werden. Für die Kontaktpunkt-berechnung sowie zur Bestimmung der Schlupfzustände des Reifens müssen die Bewegungsmöglichkeiten der Flachbandeinheiten berücksichtigt werden. Die ki-nematischen Größen der Flachbandeinheiten (Flachbandgeschwindigkeit, Flach-bandwinkel und vertikale Verschiebung, siehe Abschnitt 2.1.1 oder 5.2.2) stellen wichtige Eingangsgrößen für die Reifenmodelle dar. Die Formulierung dieser Zusammenhänge erfolgt in Anlehnung an Schnelle [122] und Wiesebrock [148].

4.3   Prozess zur Herleitung der Bewegungsgleichungen

Nachdem die Modellierungsansätze sowie Schnittstellen des Fahrzeugmodells vorgestellt sind, wird der entwickelte Prozess zur automatisierten Herleitung der Bewegungsgleichungen kurz angedeutet. Die Grundidee ist es, eine automatisierbare Herleitung der Bewegungsgleichungen des Fahrzeugmodells mit Hilfe von symbolischen Berechnungsalgorithmen für die unterschiedlichen Anwendungsfälle zu ermöglichen. Die entstehenden Bewegungsgleichungen liegen dann in analytischer Form für weitere Verarbeitungsschritte vor. In dieser Darstellung kann das Fahrzeugmodell auf einfache Weise auch für den Reglerentwurf verwendet werden.

In Grundlagenliteratur zur Technischen Mechanik, Mehrkörperdynamik sowie Robotik, wie z. B. [32, 36, 103, 121, 135, 152, 153], werden unterschiedliche Methoden und Verfahren zur Herleitung von Bewegungsgleichungen mechanischer Mehrkörpersysteme beschrieben. Um die formulierten Anforderungen zu Beginn des Kapitels zu erfüllen, ist für das gegebene Fahrzeugmodell in Baumstruktur eine Methodik zu verwenden, die zu einer Beschreibung der Bewegungsgleichungen durch Gelenkkoordinaten in Minimalform führt.

Eine geeignete Methodik zur Herleitung der Bewegungsgleichungen für die gegebenen Anforderungen beruht auf Woernle [153]. Hier wird eine Methodik beschrieben, wie für MKS mit offener Kettentopologie und ausschließlich holonomen Gelenken die Bewegungsgleichungen in gewünschter Form analytisch hergeleitet werden können. Dies wird durch eine rekursive Auswertung der Kinematik und einer anschließenden Verwendung des nichtrekursiven Mehrkörperformalismus erreicht. Die dazugehörende Vorgehensweise kann als ein Algorithmus mit den folgenden Schritten formuliert werden:

▪   Festlegung der MKS-Topologie und Deklaration von Koordinaten, Zuständen, Schnittstellen und Parametern

▪   Kinematikanalyse in rekursiver Formulierung

    a.   Bestimmung der Globalen Jacobimatrizen

    b.   Bestimmung der lokalen Geschwindigkeiten und Beschleunigungen

▪   Kinetik

    a.   Festlegung der Massenmatrizen (hier aufgestellt im jeweiligen Hauptachsensystem des Körpers)

b. Einführung der eingeprägten Kräfte und Momente wie Luftkräfte, Fahrwerksfeder, etc., als Schnittstellenvariablen

c. Formulierung der Zentrifugal- und Corioliskräfte

■ Nutzung des nichtrekursiven Formalismus nach [153] für offene MKS, um die Bewegungsgleichungen in Minimaldarstellung als gewöhnliches Differentialgleichungssystem zu erhalten.

An dieser Stelle soll auch erwähnt werden, dass für die Programmierung dieses Algorithmus nur die MKS-Topologie, die Formulierung der Gelenke zwischen den Körpern, die Massenmatrizen sowie die eingeprägten Kräfte und Momente auf die Körper in räumlichen Koordinaten definiert werden müssen. Das heißt, es sind nur die grundlegenden physikalischen Eigenschaften des MKS zu definieren. Sämtliche weitergehende Berechnungen, wie Zeitableitungen, Gleichungsumformungen, etc., können automatisiert für ein beliebiges MKS mit offener Kettentopologie durchgeführt werden. Damit ist ein geradliniger, wohldefinierter Prozess gegeben, mit dem die Bewegungsgleichungen für die definierten Anwendungsfälle automatisiert hergeleitet werden können.

In dieser Arbeit wird für diese Aufgabe die Symbolic Math Toolbox von MATLAB verwendet. Nach der Durchführung des Prozesses liegen die Bewegungsgleichungen in analytischer Form für die weitere Verarbeitung und Nutzung vor. Die Gleichungen können nun entsprechend den zu Beginn des Kapitels formulierten Anforderungen z. B. für die Regelung des HRW verwendet werden. Hierfür werden sie entsprechend Abschnitt 5.3.3 umformuliert, vereinfacht oder erweitert. Die resultierenden Gleichungen werden als MATLAB Functions exportiert und in Simulink integriert. Diese werden dann in Simulink mit den weiteren Subsystemen verbunden und für die Simulation oder für die Umsetzung der Reglerentwürfe aus Kapitel 5 zur Verfügung gestellt. Ein Diagrammflussplan zum Prozess ist im Anhang durch Abbildung A.4 vorhanden.

Zur Validierung des vorgestellten Prozesses, wird das resultierende Fahrzeugmodell auf der Straße und auf dem HRW mit kommerziellen, validen Simulationstools verglichen. Aufgrund der Länge und des Schwerpunkts der Arbeit auf der Regelung des HRW, können der entwickelte Algorithmus und die verschiedenen Fahrzeugmodelle hier nicht im Detail hergleitet und deren Validierung gezeigt werden. Stattdessen sollen im nachfolgenden Unterkapitel die Bewegungsgleichungen für ein Fahrzeug auf dem HRW und deren Struktur formuliert werden, weil dies ein wichtiges Fundament für den Reglerentwurf in Kapitel 5 darstellt.

4.4 Bewegungsgleichungen des Fahrzeugs auf dem Prüfstand

Das Modell zur Beschreibung der räumlichen Fahrzeugbewegung auf dem HRW hat elf Freiheitsgrade und dementsprechend elf Gelenkkoordinaten, die auch die Minimalkoordinaten darstellen. Die Gelenkkoordinaten q werden in Anlehnung an Schramm [123] und Rill [114] durch

$$q = [\varphi_V, \theta_V, z_V, z_{FL}, z_{RL}, z_{FR}, z_{RR}, \rho_{FL}, \rho_{RL}, \rho_{FR}, \rho_{RR}]^T. \qquad \text{Gl. 4.1}$$

gewählt. Die ersten drei Koordinaten mit dem Index V beschreiben die Freiheitsgrade des Fahrzeugaufbaus relativ zum Inertialsystem des Prüfstands E. In Anlehnung an die DIN ISO 8855 [104] wird das Koordinatensystem des Fahrzeugaufbaus V in den Fahrzeugschwerpunkt gelegt, wo auch das CGR das Fahrzeug am HRW fesselt. Das Inertialsystem des Prüfstands befindet sich auf Fahrbahnhöhe unter dem Schwerpunkt in Konstruktionslage. Die Abbildung 4.3 verdeutlicht die Koordinaten und Freiheitsgrade.

Der Winkel φ_V beschreibt den Rollwinkel, θ_V ist der Nickwinkel und z_V ist der Hub des Fahrzeugs in Inertialkoordinaten. Die Winkel werden als Kardanwinkel einer y-x-Drehungssequenz definiert. Die Koordinaten z_i beschreiben die Radträgereinfederungsbewegung relativ zum Fahrzeugaufbau. Die Koordinaten ρ_i repräsentieren die Raddrehwinkel der Räder relativ zum Radträger. Die Koordinatensysteme der Radträger werden mit C_i und die der Räder mit W_i indiziert. Die Indizes $i = \{FL, RL, FR, RR\}$ werden zur Unterscheidung der Radpositionen verwendet. Zum Beispiel steht der Index FL für „Front Left", also die Radposition vorne links und der Index RR für „Rear Right".

Die dazugehörigen Gelenkgeschwindigkeiten η werden als einfache Zeitableitung der Gelenkkoordinaten q gewählt:

$$\eta = \dot{q} = [\dot{\varphi}_V, \dot{\theta}_V, \dot{z}_V, \dot{z}_{FL}, \dot{z}_{RL}, \dot{z}_{FR}, \dot{z}_{RR}, \dot{\rho}_{FL}, \dot{\rho}_{RL}, \dot{\rho}_{FR}, \dot{\rho}_{RR}]^T \qquad \text{Gl. 4.2}$$

Dadurch wird der spätere Reglerentwurf vereinfacht, weil die kinematische Bewegungsgleichung eine triviale Lösung hat [153] und keine zusätzliche Transformation notwendig wird [53, 135].

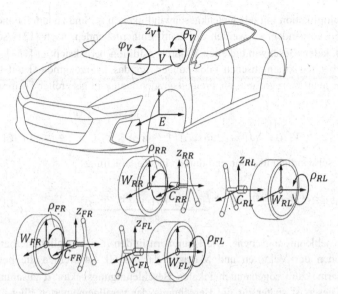

Abbildung 4.3: Gelenkkoordinaten des Fahrzeugmodells auf dem HRW

Basierend auf den gewählten Gelenkkoordinaten und -geschwindigkeiten erfolgt gemäß Abschnitt 4.3 die Kinematikanalyse des Systems. Aufgrund der Länge des Herleitungsprozesses und der resultierenden Gleichungen können diese im Rahmen dieser Arbeit nicht ausformuliert werden. Deshalb sollen nur die grundlegenden Zusammenhänge aufgezeigt werden, die für ein Grundverständnis der resultierenden Bewegungsgleichungen notwendig sind. Das Hauptziel der Kinematikanalyse ist hier die Bestimmung der globalen Jacobi-Matrix J des betrachteten MKS. Diese wird für den nichtrekursiven Formalismus zur Herleitung der Bewegungsgleichungen benötigt.

Für allgemeine räumliche Bewegungen von Starrkörpern im dreidimensionalen Raum hat jeder Körper sechs Bewegungsmöglichkeiten, drei translatorische und drei rotatorische. Entsprechend werden nach der Methodik von [121] oder [153] z. B. die Vektoren der drei translatorischen Geschwindigkeiten v und der drei Drehgeschwindigkeiten ω eines Körpers zu einem sogenannten Bewegungswinder der räumlichen Geschwindigkeiten $\hat{v} = (\omega, v)^T$ mit der Vektordimension [6×1] zusammengefasst. Nachfolgend werden räumliche Koordinaten oder Größen immer durch (^) indiziert.

Die globale Jacobimatrix J ermöglicht für Mehrkörpersysteme mit skleronomen Bindungen die Berechnung der räumlichen Geschwindigkeiten der Starrkörper durch Multiplikation mit den Gelenkgeschwindigkeiten η. Sind zudem rheonome Bindungen vorhanden, so werden die damit einhergehenden, nach [121] sogenannten lokalen Geschwindigkeiten $\overline{v}$ durch Addition berücksichtigt [153]. Die sich ergebenden kinematischen Gleichungen für das Fahrzeugmodell auf dem HRW mit neun Körpern und elf Freiheitsgraden lauten in genereller Form nach [153]

$$\hat{v}_{[54x1]} = J_{[54x11]}\,\eta_{[11x1]} + \overline{v}_{[54x1]} \qquad\qquad \text{Gl. 4.3}$$

für die Geschwindigkeitsebene und durch eine Zeitableitung

$$\hat{a}_{\,[54x1]} = J_{[54x11]}\,\dot{\eta}_{[11x1]} + \underbrace{\dot{J}_{[54x11]}\,\eta_{[11x1]} + \overline{\dot{v}}_{[54x1]}}_{\overline{a}_{[54x1]}} \qquad \text{Gl. 4.4}$$

für die Beschleunigungsebene. Die Klammern in den Indizes stellen hierbei die Dimensionen der Vektoren und Matrizen dar. In Gl. 4.4 werden die beiden letzten Terme zum sogenannten lokalen Beschleunigungsvektor $\overline{a}$ zusammengefasst. Dieser ist später für die Berechnung der verallgemeinerten Flieh- und Corioliskräfte notwendig.

Die globale Jacobi-Matrix des Gesamtsystems ist abhängig von den gewählten Gelenkkoordinaten, den dazugehörenden Jacobi-Matrizen der Gelenke und den Versatzmatrizen [153]. Eine Versatzmatrix beschreibt den geometrischen Zusammenhang zwischen unterschiedlichen Koordinatensystemen desselben starren Körpers. Die Herleitung der globalen Jacobi-Matrix erfolgt mit Hilfe von kinematischer Rekursion, wobei für Details aus Umfangsgründen auf Woernle [153] oder Schiehlen und Eberhard [121] verwiesen wird. Die Struktur der globalen Jacobi-Matrix für das Fahrzeugmodell auf dem HRW hat die Darstellung aus Gl. 4.5. Der Index V steht für den Fahrzeugaufbau, C kennzeichnet die Radträger und W die Räder. Die Indizes $i = \{FL, RL, FR, RR\}$ stehen für die jeweilige Radposition. Die Symbole $\because$ werden verwendet, um die Gleichung kompakter zu machen, da sich nur der jeweilige Radpositionsindex i ändert.

Auf der Hauptdiagonalen der globalen Jacobi Matrix befinden sich die Jacobi-Matrizen der Gelenke der Einzelkörper, die die kinematischen Abhängigkeiten zwischen den Freiheitsgraden des Körpers und den räumlichen Geschwindigkeiten beschreiben. Alle anderen Matrixeinträge repräsentieren die kinematische Kopplung zwischen den unterschiedlichen Körpern.

$$
J = \begin{bmatrix}
J_{VV} & 0 & 0 & 0 & 0 & 0 & 0 & 0 & 0 \\
J_{VC,FL} & J_{CC,FL} & 0 & 0 & 0 & 0 & 0 & 0 & 0 \\
J_{VC,RL} & 0 & \ddots & 0 & 0 & 0 & 0 & 0 & 0 \\
J_{VC,FR} & 0 & 0 & \ddots & 0 & 0 & 0 & 0 & 0 \\
J_{VC,RR} & 0 & 0 & 0 & \ddots & 0 & 0 & 0 & 0 \\
J_{VW,FL} & J_{CW,FL} & 0 & 0 & 0 & J_{WW,FL} & 0 & 0 & 0 \\
J_{VW,RL} & 0 & \ddots & 0 & 0 & 0 & \ddots & 0 & 0 \\
J_{VW,FR} & 0 & 0 & \ddots & 0 & 0 & 0 & \ddots & 0 \\
J_{VW,RR} & 0 & 0 & 0 & \ddots & 0 & 0 & 0 & \ddots
\end{bmatrix}
\qquad \text{Gl. 4.5}
$$

Mit Hilfe der globalen Jacobi-Matrix und den lokalen Beschleunigungen können nun die Bewegungsgleichungen unter Verwendung der Newton-Euler Gleichungen und mit Hilfe des nichtrekursiven Mehrkörperformalismus für offene Mehrkörpertopologien in Minimalkoordinaten hergeleitet werden. Die nachfolgenden Gleichungen entstehen unter der Randbedingung, dass alle Koordinaten im Schwerpunkt des jeweiligen Körpers formuliert sind, um eine einfachere Darstellung als für einen verallgemeinerten Fall zu erhalten [153]. Dadurch wird auch der Reglerentwurf vereinfacht und die notwendige Rechenzeit reduziert.

Nach dem vorgestellten Prozess in Abschnitt 4.3 erfolgt nun die Beschreibung der Kinetik des Fahrzeugmodells. Hierfür müssen zunächst die zusammengefasste Massenmatrix aller Körper $\hat{M}$, die eingeprägten Kräfte und Momente $\hat{f}^e$ und die verallgemeinerten gyroskopischen Momente sowie Flieh- und Corioliskräfte $\hat{f}^c$ in räumlichen Koordinaten formuliert werden. Bei dieser Notation werden in vergleichbarer Weise zum Bewegungswinder stets Kräfte und Momente zu einem Vektor $\hat{f}$ zusammengefasst. Dieser wird auch als Kraftwinder bezeichnet wird [121, 153].

Die Verwendung der allgemeinen Impuls- und Drallsätze führt zu den Newton-Euler-Gleichungen des Gesamtsystems in räumlichen Koordinaten in folgender, allgemeiner Matrixdarstellung nach [153] oder [121]:

$$
\hat{M}\hat{a} = \hat{f}^e + \hat{f}^c + \hat{f}^r \qquad \text{Gl. 4.6}
$$

Für das Fahrzeugmodell auf dem HRW ist $\hat{M}$ eine Hauptdiagonalmatrix mit der Dimension [54x54]. Die anderen Terme sind Vektoren mit langen, komplexen Termen und der Dimension [54x1]. In Gl. 4.6 ist der Körper-Reaktionskraftwinder $\hat{f}^r$ noch vorhanden, der die summarischen Reaktionskräfte und -momente auf den jeweiligen Körper beschreibt. Durch Nutzung des nichtrekursiven Mehrkörperformalismus für offene Mehrkörpersysteme ergebenen sich die

gewünschten Bewegungsgleichungen des Fahrzeugmodells in Minimalkoordinaten in Gl. 4.7 mit:

$$M\dot{\eta} = M\ddot{q} = (k^e + k^c)$$ Gl. 4.7

In dieser Gleichung ist der Reaktionskraftwinder $\hat{f}^r$ eliminiert und die Bewegungsgleichungen werden, entsprechend den Anforderungen zu Beginn von
Kapitel 4, durch eine minimale Anzahl an gewöhnlichen Differentialgleichungen
beschrieben. In Gl. 4.7 spricht man nun von einer verallgemeinerten Massenmatrix M, den verallgemeinerten eingeprägten Kräften k^e und den verallgemeinerten Coriolis-Kräften k^c [153]. Diese ergeben sich aus den folgenden Formeln:

$$M = J^T \hat{M} J$$ Gl. 4.8

$$k^e = J^T \hat{f}^e$$ Gl. 4.9

$$k^c = J^T \left(-\hat{M}\overline{a} + \hat{f}^c \right)$$ Gl. 4.10

Die hier vorgestellten Bewegungsgleichungen beschreiben nur die Dynamik des
Fahrzeugaufbaus, der Radträger und der Räder. Die Freiheitsgrade der anderen
Subsysteme wie der Lenkung, der Reifen, etc. sind in der MKS-Formulierung
nicht direkt berücksichtigt, um die gestellte Anforderung der Modularität zu
erfüllen. Diese Subsysteme werden innerhalb der Simulinkumgebung unter
Berücksichtigung der Schnittstellenvariablen dann zu einem Gesamtfahrzeugmodell gekoppelt.

Abschließend wird erwähnt, dass für die Kopplung des Fahrzeugmodells mit den
Lenkungsmodellen und zur Berechnung der Elastokinematik des Fahrwerks
zusätzlich die Gelenkreaktionskräfte zwischen der Karosserie und den Radträgern benötigt werden. Diese können nach [153] basierend auf Gl. 4.6 mit
weiteren Umrechnungen bestimmt werden. Alternativ können sie nach Schiehlen
und Eberhard [121] mit Hilfe einer sogenannten Verteilungsmatrix berechnet
werden. Aus Umfangsgründen wird auf diese Thematik aber nicht weiter eingegangen.

Das aufgezeigte Modell und die abstrakt beschriebenen Bewegungsgleichungen
werden nun in Kapitel 5 innerhalb des modularen, erweiterten Regelungskonzepts für die Regelung des Fahrzeugs auf dem HRW und zur Kompensation
der systemdynamischen Unterschiede genutzt.

5 Regelung des Fahrzeugdynamikprüfstands

Das Hauptziel dieser Arbeit ist die Entwicklung eines modularen, erweiterten Regelungskonzepts, um mit dem HRW Fahrmanöver so vergleichbar wie möglich zum Straßenfall durchführen zu können. Das erweiterte Regelungskonzept sowie die dazugehörigen Regler sollen in diesem Kapitel vorgestellt werden. Aufgrund der in Abschnitt 2.1.2 beschriebenen prüfstandsbedingten Restriktionen und Fehlerquellen ergeben sich Unterschiede zwischen der Fahrzeugdynamik auf dem HRW und der Fahrzeugdynamik auf der Straße. Aus dieser Diskussion wird ein Verbesserungspotenzial für die Regelung des HRW aufgezeigt, um die Übereinstimmung zum Straßenfall zu erhöhen. Das neue Konzept erweitert deshalb das grundlegende Funktionsprinzip um weitere Steuerungs- und Regelungsstrukturen. Es ist modular aufgebaut und berücksichtigt durch seine kaskadierte Struktur alle prüfstandsbedingten Restriktionen und Fehlerquellen. Anwendungsfallabhängig können hierbei die unterschiedlichen Regler kombiniert oder separat genutzt werden.

Zunächst wird das grundlegende Funktionsprinzip aus Abschnitt 2.1.1 ausführlicher vorgestellt. Dieses Prinzip ist nach wie vor ein wesentlicher Bestandteil und bildet das Fundament zur Durchführung von realistischen Fahrmanövern. Aus diesem Grund soll es an dieser Stelle zur Erhöhung des Verständnisses und der Nachvollziehbarkeit ausformuliert werden. Anschließend wird das modulare, erweiterte Regelungskonzept in Abschnitt 5.2 im Detail erläutert und die jeweiligen Funktionsbausteine werden sukzessive eingeführt.

Es ist im gegebenen Rahmen allerdings nicht möglich, alle dazugehörigen Regler und Reglerentwürfe zu beschreiben und die Ergebnisse zu präsentieren. Weil insbesondere die systemdynamischen Unterschiede erwartungsgemäß den größten Einfluss haben und noch weitestgehend unerforscht sind, wird der Fokus hierauf gelegt. In den Unterkapiteln 5.3.2 bis 5.3.6 werden deshalb die dazugehörigen Reglerentwürfe basierend auf den Methoden der nichtlinearen, modellbasierten Trajektorienfolgeregelung unter Verwendung des Fahrzeugmodells aus Kapitel 4 umgesetzt.

5.1 Das grundlegende Funktionsprinzip für Fahrmanöver

Eine vereinfachte aber anschauliche Beschreibung des grundlegenden Funktionsprinzips zur Durchführung von Fahrmanövern ist in Abschnitt 2.1 oder in [3, 4, 74, 157] bereits gegeben. An dieser Stelle sollen dieses Grundkonzept und die

© Springer Fachmedien Wiesbaden GmbH, ein Teil von Springer Nature 2020
A. Ahlert, *Ein modellbasiertes Regelungskonzept für einen Gesamtfahrzeug-Dynamikprüfstand*, Wissenschaftliche Reihe Fahrzeugtechnik Universität Stuttgart, https://doi.org/10.1007/978-3-658-30099-9_5

daraus abgeleiteten Steuergesetze für die Bandwinkel und Bandgeschwindigkeiten systemdynamisch ausformuliert werden.

Das grundlegende Funktionsprinzip stellt das Fundament zur Durchführung von
realistischen Fahrmanövern mit dem HRW dar und wird auch im modularen,
erweiterten Regelungskonzept weiterhin verwendet. Die primäre Aufgabe besteht darin, die durch den Prüfstand gesperrten Fahrzeugfreiheitsgrade durch eine
möglichst realistische Simulation abzubilden. Die simulierten Bewegungen und
damit einhergehenden Geschwindigkeitsinformationen werden dann zur Steuerung der Flachbandeinheiten genutzt. Hierzu wird ein virtueller Fahrzeugkörper
eingeführt und mit dem realen System „Fahrzeug auf dem HRW" gekoppelt. Es
entsteht das bereits eingeführte Hybrid-mechanische System (HMS) aus Abschnitt 2.1.1. Im Vergleich zu Abbildung 2.3 zeigt Abbildung 5.1 eine systemdynamische, blockschaltbildorientierte Darstellung des Hybrid-mechanischen
Systems mit seinen Schnittstellen. Der Oberbegriff Fahrersystem repräsentiert
dabei entweder den Fahrroboter oder einen menschlichen Fahrer.

Durch das CGR kann sich das Fahrzeug auf dem HRW nicht mehr in Längs- und
Querrichtung translatorisch bewegen sowie gieren. Die im Reifen-Flachband-
Kontakt entstehenden Kräfte aufgrund der Vorgaben des Fahrersystems u_δ, z. B.
in Form von Lenkradwinkelanregungen, Antriebs- oder Bremsmomenten, werden dementsprechend durch das CGR auf Fahrzeugschwerpunkthöhe abgestützt.
Die resultierenden Reaktionskräfte werden durch zwei im CGR integrierte,
biaxiale Kraftsensoren gemessen und in eine summarische Längs- und Querkraft
$(F_{x,CGR}, F_{y,CGR})$ sowie ein Reaktionsmoment um die Hochachse $M_{z,CGR}$ umgerechnet. Eine Verdeutlichung dieses Zusammenhangs ist im Anhang durch Abbildung A.3 gegeben. Die summarischen Reaktionsgrößen werden dem virtuellen Fahrzeugkörper aufgeprägt, der die Freiheitsgrade Längs-, Quer- sowie Gierbewegung hat. Damit führt dieser in der Simulation eine Bewegung vergleichbar
zu einem ebenen Zweispurmodell durch, was in Abbildung 5.2 angedeutet ist.
Für eine Erklärung zu diesem Modelltyp wird auf z. B. [93, 101, 143] verwiesen.
Der dazugehörige virtuelle Fahrzeugkörper ist in Abbildung 5.3 grafisch dargestellt.

Die virtuelle Fahrzeugbewegung, zusammengefasst in den Vektoren q_{virt}, $\dot{q}_{virt}$
(diese werden später ausführlicher diskutiert), wird dann im Block „Coherent
Road" in individuelle Steuerbefehle zur Drehung der Flachbandeinheiten um die
Hochachse $\zeta_{B,i,c}$ und zur Einstellung der Bandgeschwindigkeiten $v_{B,i,c}$ umgerechnet. Der Index $i = \{FL, FR, RL, RR\}$ repräsentiert erneut die Radpositionen,
wie in Abschnitt 4.2.

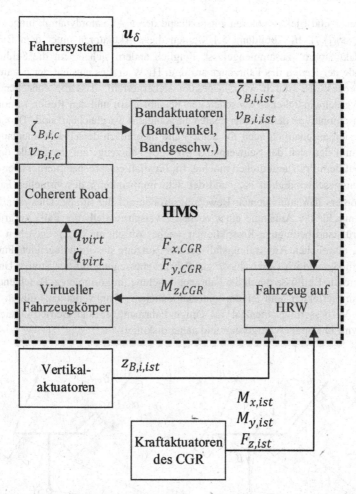

Abbildung 5.1: Blockschaltbildorientierte Darstellung des grundlegenden Funktionsprinzips

Im Block „Coherent Road" werden hierzu zunächst radindividuell die Geschwindigkeiten der Radmitten des virtuellen Fahrzeugkörpers bestimmt. Anschließend werden diese Geschwindigkeiten in dazugehörige Bandgeschwindigkeiten $v_{B,i}$ und Bandwinkel $\zeta_{B,i}$ umgerechnet, damit vergleichbare Schräglaufwinkel α_i sowie Radmittengeschwindigkeiten v_i zur Fahrzeugbewegung auf der Straße entstehen. Anschaulich sind diese Zusammenhänge in Abbildung 5.2 verdeutlicht. Die dazugehörigen Steuerbefehle $v_{B,i,c}$ und $\zeta_{B,i,c}$ werden von den Bandwinkelaktuatoren und Elektromotoren entsprechend deren Aktuatordynamik umgesetzt ($\zeta_{B,i,ist}$, $v_{B,i,ist}$). In Abbildung 5.1 werden diese Aktuatoren unter dem Block „Bandaktuatoren" zusammengefasst. Folglich ändern sich erneut die Schlupfzustände der Reifen des Fahrzeugs auf dem HRW und es entsteht der bekannte Kreisprozess. Hierdurch wird insgesamt sichergestellt, dass die entstehenden Relativgeschwindigkeiten zwischen den Flachbändern und den Reifen stationär wie instationär zu denen einer realen Straßenfahrt vergleichbar sind. Dadurch ergibt sich anschaulich auch für beide Fälle theoretisch derselbe Momentanpol (MP), um den sich der Schwerpunkt (SP) des Fahrzeugs auf der Straße dreht oder auf dem Prüfstand drehen möchte. Im Idealfall entsprechen hierbei aber die Fahrzeuggeschwindigkeit v_{Fzg} und der Schwimmwinkel β des virtuellen Fahrzeugkörpers den äquivalenten Bewegungsgrößen auf der Straße. Dies ist allerdings nur für die Annahme eines ebenen Zweispurmodells der Fall. Aufgrund der prüfstandsbedingten Restriktionen (siehe Abschnitt 2.1.2) entstehen im realen, räumlichen Anwendungsfall bei der Nutzung des grundlegenden Funktionsprinzips jedoch Unterschiede zur Fahrzeugbewegung auf der Straße. Unter anderem die Einflüsse durch die Fahrzeugfesselung, in Form von z. B. fehlenden Kopplungseffekten und einem unterschiedlichen Wankverhalten, führen zu einem Verbesserungspotenzial für einige Fahrmanöver und Betriebsbereiche. Dies wird in Kapitel 6 aufgezeigt und näher diskutiert.

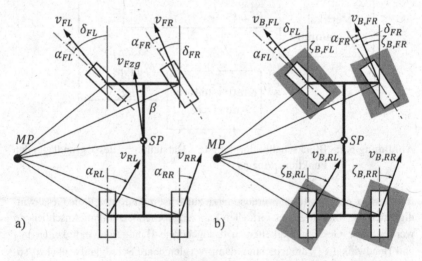

Abbildung 5.2:   a) Bewegung eines Fahrzeugs auf der Straße b) Einstellung von Flachbandwinkel und Bandgeschwindigkeiten am HRW

Bereits im grundlegenden Funktionsprinzip können zusätzlich, wie in Abbildung 5.1 ebenfalls gezeigt, durch die Vertikalaktuatoren der Flachbandeinheiten Fahrbahnanregungen $z_{B,i,ist}$ aufgebracht werden. Mit Hilfe der vier Kraftaktuatoren des CGR aus Abbildung 2.2 können weiterhin ein Wank- und Nickmoment $(M_{x,ist}, M_{y,ist})$ sowie eine Vertikalkraft $F_{z,ist}$ aufgeprägt werden. Diese Schnittstellen werden auch im modularen, erweiterten Regelungskonzept genutzt und später in Abbildung 5.6 nochmals veranschaulicht.

Nachfolgend werden die Bewegungsgleichungen des virtuellen Fahrzeugkörpers aus Abbildung 5.3 formuliert. Die ausführliche Herleitung der Bewegungsgleichungen wird im Anhang A2 angefügt. Die verwendete Methode zur Herleitung entspricht der aus Abschnitt 4.3. Die Minimalkoordinaten des virtuellen Fahrzeugkörpers sind

$$q_{virt} = [\psi_{virt}, x_{virt}, y_{virt}]^T. \qquad \text{Gl. 5.1}$$

Zur Beschreibung der Lagegrößen des virtuellen Körpers wird in x-Richtung die Koordinate x_{virt} und in y-Richtung y_{virt} relativ zum virtuellen Inertialsystem VE verwendet. Für die Beschreibung der Gierbewegung wird die Koordinate ψ_{virt} genutzt. Die Minimalgeschwindigkeiten werden als einfache Zeitableitung gewählt mit:

$$\eta_{virt} = \dot{q}_{virt} = [\dot{\psi}_{virt}, \underbrace{\dot{x}_{virt}, \dot{y}_{virt}}_{v_{virt}}]^T \qquad \text{Gl. 5.2}$$

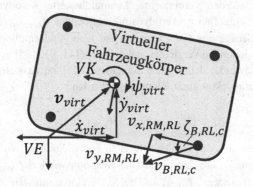

Abbildung 5.3: Modell des virtuellen Fahrzeugkörpers

Der Geschwindigkeitsvektor v_{virt} des virtuellen Fahrzeugkörpers beschreibt die translatorische Relativbewegung zwischen dem körperfesten Koordinatensystem

VK und dem Inertialsystem *VE* in den Koordinaten des Inertialsystems. Zusätzlich sind in Abbildung 5.3 bereits die zwei translatorischen Geschwindigkeitskomponenten ($v_{x,RM,RL}$, $v_{y,RM,RL}$) am Beispiel der Radmittenposition hinten links (RL) und die sich daraus ableitenden Steuerbefehle für die Bandeinheiten ($v_{B,RM,RL}$, $\zeta_{B,RM,RL}$) gezeigt. Die dazugehörigen Umrechnungen werden am Ende des Abschnitts durch Gl. 5.8, 5.9 und 5.10 formuliert.

Zunächst werden die Bewegungsgleichungen des virtuellen Fahrzeugkörpers aufgestellt. Hierzu lautet die Transformationsmatrix des virtuellen Fahrzeugkörpers vom mitbewegten System *VK* in das Inertialsystem *VE*:

$$
{}^{VE}T_{VK} = \begin{pmatrix} \cos\psi_{virt} & -\sin\psi_{virt} & 0 \\ \sin\psi_{virt} & \cos\psi_{virt} & 0 \\ 0 & 0 & 1 \end{pmatrix} \qquad \text{Gl. 5.3}
$$

Für die Kopplung des virtuellen Fahrzeugkörpers mit dem HRW werden die Reaktionsgrößen im CGR zum folgenden Kraftwinder zusammengefasst:

$$
f_{coupl,CGR} = [M_{z,CGR}, F_{x,CGR}, F_{y,CGR}]^T \qquad \text{Gl. 5.4}
$$

Die Reaktionsgrößen greifen im Schwerpunkt des realen Fahrzeugs an und werden dementsprechend auch auf den Schwerpunkt des virtuellen Körpers im mitbewegten System *VK* eingeprägt. Neben den Reaktionsgrößen muss auch die Aerodynamik in den gegebenen Freiheitsgraden in der Simulation berücksichtigt werden. Hierfür werden vereinfachte, kennfeldbasierte Aerodynamikmodelle verwendet. Der eingeführte Aerodynamikkraftwinder $f_{aero,virt}$ hat die allgemeine Formulierung aus Gl. 5.5, wobei auf eine Ausformulierung der aerodynamischen Gleichungen verzichtet und z. B. auf [41, 93, 125] verwiesen wird. Der Begriff Kraftwinder deutet nach Schiehlen [121] an, dass stets Kräfte und Momente zu einem Vektor zusammengefasst werden.

$$
f_{aero,virt} = [M_{z,aero}, F_{x,aero}, F_{y,aero}]^T \qquad \text{Gl. 5.5}
$$

Insgesamt ergeben sich die auf den virtuellen Fahrzeugkörper wirkenden Kräfte entsprechend Kapitel 4 aus der Summe des Reaktionswinders $f_{coupl,CGR}$ und des Aerodynamikkraftwinders $f_{aero,virt}$. Beide Vektoren müssen mit Hilfe der Transformationsmatrix entsprechend der Koordinatendefinitionen ins virtuelle Inertialsystem *VE* transformiert werden. Die resultierenden Bewegungsgleichungen lauten

$$M_{virt} \, \ddot{q}_{virt} = {}^{VE}T_{VK} \, f_{coupl,CGR} + {}^{VE}T_{VK} \, f_{aero,virt} \qquad \text{Gl. 5.6}$$

mit der virtuellen Massenmatrix

$$M_{virt} = \begin{bmatrix} I^z_{virt} & 0 & 0 \\ 0 & m_{virt} & 0 \\ 0 & 0 & m_{virt} \end{bmatrix}. \qquad \text{Gl. 5.7}$$

Damit die Simulation realistische Ergebnisse liefert, müssen die Parameter des virtuellen Fahrzeugkörpers entsprechend dem verwendeten Fahrzeug auf dem HRW gewählt werden. Die folgenden Größen müssen für das grundlegende Funktionsprinzip bekannt sein: die Fahrzeugmasse m_{virt}, das Fahrzeugträgheitsmoment um die Hochachse I^z_{virt}, der Abstand des Schwerpunkts zu Vorder- und Hinterachse, die Schwerpunkthöhe und die Spurweiten an Vorder- und Hinterachse. Die Schwerpunkthöhe wird nicht für den virtuellen Fahrzeugkörper benötigt, sondern nur für die korrekte Fesselung des Fahrzeugs auf dem HRW, damit die Kraftabstützung im Schwerpunkt erfolgt.

Die sich aus der Integration der Bewegungsgleichungen ergebenden Geschwindigkeiten des virtuellen Fahrzeugkörpers werden dann dazu verwendet, um die Geschwindigkeiten der dazugehörigen, virtuellen Radmittelpunkte zu errechnen. Diese werden schließlich dazu genutzt, um den jeweiligen Flachbandwinkel und die Flachbandgeschwindigkeit der vier Flachbandeinheiten vorzugeben, wie es bereits in Abbildung 5.2 b) oder in Abbildung 5.3 gezeigt wird. Diese Schritte werden im Block „Coherent Road" aus Abbildung 5.1 durchgeführt. Zur Ermittlung der dazugehörigen Stellgrößen für den HRW werden die geometrischen Beziehungen des virtuellen Fahrzeugkörpers in Kombination mit bekannten kinematischen Ansätzen der technischen Dynamik genutzt. Eine ausführliche mechanische Formulierung der Steuergrößen ist im Anhang A2 beschrieben und wird hier nicht weiter ausformuliert. Kurz gesagt entsprechen die individuellen Stellgrößen der Flachbandeinheiten den Geschwindigkeiten der Radmitten im mitbewegten System des virtuellen Fahrzeugkörpers. Diese sind pro Rad gegeben durch den Geschwindigkeitsvektor ${}^{VK}_{VE}v_{virt,RM,i}$ aus Gl. 5.8. Der Geschwindigkeitsvektor beschreibt die relative Bewegung zwischen dem Inertialsystem VE und den Radmitten im körperfesten System VK des virtuellen Körpers.

$$^{VK}_{VE}v_{virt,RM,i} = \begin{bmatrix} v_{x,RM,i}, & v_{y,RM,i}, & 0 \end{bmatrix}^T \qquad \text{Gl. 5.8}$$

Diese vektorielle Geschwindigkeit pro Rad wird in einen Drehwinkel und eine Vektornorm nach [89] aufgeteilt. Die Vektornorm entspricht dem Betrag der Absolutgeschwindigkeit und der Drehwinkel dem Winkel zwischen dem Geschwindigkeitsvektor der Radmitte und der Fahrzeugmittelachse in Längsrichtung. Anschaulich wird dies in Abbildung 5.3 verdeutlicht. Die jeweilige Bandgeschwindigkeit wird damit vorgegeben durch

$$v_{B,i,c} = \left\| {}^{VK}_{VE} v_{virt,RM,i} \right\|$$
Gl. 5.9

und der Bandwinkel durch

$$\zeta_{B,i,c} = \arctan \left(\frac{v_{y,RM,i}}{v_{x,RM,i}} \right).$$
Gl. 5.10

Theoretisch ist die Kopplung zwischen dem virtuellem Körper und dem Fahrzeug auf dem HRW anstelle der Reaktionskräfte im CGR auch über die Reifenkräfte denkbar. Hierfür ergeben sich leicht angepasste Bewegungsgleichungen, die im Anhang A2 beschrieben sind. In Kapitel 6 werden erstmalig Simulationsanalysen vorgestellt, die die beiden Kopplungsarten miteinander und mit der Situation des Fahrzeugs auf der Straße vergleichen, wobei sich nennenswerte Unterschiede zwischen den beiden Kopplungsarten ergeben.

Damit ist das grundlegende Funktionsprinzip des Hybrid-mechanischen Systems vollständig beschrieben. Der Vorteil des grundlegenden Funktionsprinzips ist, dass es nur einfache Fahrzeugparameter benötigt, die entweder standardmäßig verfügbar sind oder leicht ermittelt werden können. Der Nachteil ist allerdings, dass es entsprechend Abschnitt 2.1.2 systemdynamisch bedingte Unterschiede zum Fahrverhalten auf der Straße gibt.

Für gewisse Anwendungen und Betriebsbereiche sowie Randbedingungen ist die Übereinstimmung zur Straße zumindest theoretisch gegeben, wie in Abschnitt 6.2 bewiesen wird. Dennoch zeigen die dazugehörigen Simulationsergebnisse ein Verbesserungspotenzial auf. Im Folgenden wird das grundlegende Funktionsprinzip deshalb durch ein erweitertes Regelungskonzept mit einer modularen Reglerarchitektur ergänzt und weiterentwickelt.

5.2 Weiterentwicklung des grundlegenden Funktionsprinzips

Die Grundidee des modularen, erweiterten Regelungskonzepts ist es, die Dynamik des Hybrid-mechanischen Systems durch geeignete Steuer- und Regeleingriffe mit den vorhandenen Aktuatoren so zu beeinflussen, dass diese – trotz der erwähnten Restriktionen – so gut wie möglich der ganzheitlichen Fahrzeugdynamik auf der Straße entspricht.

5.2.1 Randbedingungen und Anforderungen

Im regelungstechnischen Kontext ist das Hybrid-mechanische System als ein nichtlineares Mehrgrößensystem anzusehen [4]. Ferner sind die folgenden Randbedingungen und Anforderungen an das neue Konzept und die dazugehörenden Regler einzuhalten:

■ Das Regelungskonzept soll eine modulare Erweiterung des grundlegenden Funktionsprinzips sein. D.h. die physikalische Anschauung des Hybrid-mechanischen Systems soll beibehalten und um weitere Regelungsstrukturen erweitert werden, die in Abhängigkeit vom Anwendungsfall genutzt und kombiniert werden können

■ Die Regler der einzelnen Funktionsbausteine sollen unabhängig voneinander entwickelt, erprobt und verifiziert werden können

■ Entsprechend den Zielformulierungen aus Kapitel 1 soll es theoretisch die bestmögliche Reglerperformance ermöglichen können. D.h., dass die Dynamik des Hybrid-mechanischen Systems möglichst exakt der Dynamik eines Fahrzeugs auf der Straße entsprechen können soll. Folglich müssen alle wesentlichen Freiheitsgrade des Systems angepasst werden können

■ Die Regelung soll robust gegenüber abschätzbaren Parameterunsicherheiten und unmodellierter Dynamik sein

■ Es sollen die vorhandenen Aktuatoren des HRW und die dazugehörenden Schnittstellen des User-Modes verwendet werden

■ Die Umsetzung der Regler soll zukünftig mit dem vorhandenen Echtzeit-Simulationssystems im User Mode erfolgen können

■ Die Verwendung zusätzlicher Messtechnik ist erlaubt

Dies stellt höchste Anforderungen an das notwendige Regelungskonzept und letztendlich an die zu entwerfenden Regler. Um diesem komplexen Regelungsproblem zu begegnen und die definierten Anforderungen sowie Zielsetzungen zu erfüllen, werden in dieser Arbeit die Methoden der nichtlinearen, modellbasierten Trajektorienfolgeregelung verwendet. Hiermit kann generell die höchste Performance erreicht werden [2, 53, 81, 133, 135].

Auf der einen Seite spielt die Auswahl des Reglerentwurfsverfahrens eine wichtige Rolle. Durch das Entwurfsverfahren werden bereits wesentliche Eigenschaften des geschlossenen Regelkreises, wie z. B. Robustheit und Performance, beeinflusst oder erst ermöglicht. Auf der anderen Seite werden beim modellbasierten Reglerentwurf die Reglergesetze stets von einem Modell der Regelstrecke abgeleitet und sind damit direkt mit der Modellierung verknüpft. Bei der Auswahl eines Reglerentwurfsverfahrens ist zu beachten, dass diese stets gewisse Einschränkungen und Randbedingungen an die Modellierung stellen. Werden beispielsweise Reglerentwurfsverfahren aus der linearen Regelungstheorie verwendet, so müssen die Modelle zur Ableitung von Reglergesetzen stets um definierte Betriebsbereiche linearisiert werden und sind nur nahe dieser Bereiche gültig [2, 133, 135].

Gleichzeitig ist die notwendige Modellierungskomplexität von der Regelungsaufgabe, der gewünschten Reglerperformance und den Eigenschaften der Regelstrecke abhängig [2, 53, 133, 135]. Es gilt der folgende Zusammenhang: je besser die reale Regelstrecke durch das Modell abgebildet wird, desto besser funktioniert die entworfene, modellbasierte Regelung [133]. Eine vorausschauende Modellierung sowie mathematische Formulierung kann zudem den Reglerentwurf vereinfachen. Im Gegensatz dazu kann eine zu komplexe Modellierung oder ungünstige mathematische Formulierung den Reglerentwurf unnötig komplex oder gar unmöglich machen [2, 53, 81, 133, 135]. Bei der Entwicklung komplexer Regelungssysteme ist es somit vorteilhaft, die Modellierung und das Reglerentwurfsverfahren ganzheitlich zu betrachten [2, 9, 53, 81, 133, 135].

Darüber hinaus müssen geeignete Messgrößen, Aktuatoren und Rechenkapazitäten abgewägt und sinnvoll definiert werden. Dies kann wiederum Einfluss auf die Modellierung und mögliche Reglerentwurfsverfahren haben. Beispielsweise beeinflusst die Rechenkapazität die Echtzeitfähigkeit und somit die mögliche Modellkomplexität und verwendbare Reglerentwurfsverfahren [11, 133, 135]. Ferner kann eine geschickte Wahl von Messgrößen die Regelungsaufgabe vereinfachen, weil z. B. zur Ermittlung notwendiger Zustandsgrößen keine Beobachter oder Schätzer verwendet werden müssen. Auch die verwendeten Aktuatoren beeinflussen durch ihre physikalischen Eigenschaften maßgeblich die Performance des geregelten Gesamtsystems.

Alles in allem ist eine holistische, integrierte Betrachtung bei der Entwicklung des modularen, erweiterten Regelungskonzepts notwendig, um die definierten

Anforderungen und Ziele zu erreichen. Im Idealfall sorgt das Regelungskonzept unter anderem dafür, dass die Modellierung und der dazugehörige Reglerentwurf möglichst einfach gestaltet werden können.

Wie aus den Anforderungen hervorgeht, müssen im Rahmen des erweiterten Konzepts unter anderem die zehn wesentlichen Freiheitsgrade des Hybrid-mechanischen Systems geregelt werden können. Dies sind entsprechend Abbildung 5.4 die drei ungesperrten Aufbaubewegungen (Wanken φ_V, Nicken θ_V und Huben z_V), die vier Radträgereinfederungen z_i des realen Fahrzeugs auf dem HRW sowie die drei Aufbaubewegungen des virtuellen Fahrzeugkörpers (Gieren ψ_{virt}, Längs- und Querbewegung - x_{virt}, y_{virt}). In Abbildung 5.4 ist zur besseren Übersicht nur die Radträgereinfederung vorne links (z_{FL}) gezeigt. Die Radeigendrehungen ρ_i des Fahrzeugs werden in diesem Kontext im Gegensatz zu den Beschreibungen in Kapitel 4 entkoppelt. Aufgrund des grundlegenden Funktionsprinzips stellt sich die Raddrehzahl entsprechend der Reifendimensionen, der Betätigung der Fahr- und Bremspedalstellung und den Geschwindigkeiten der Flachbandeinheiten $v_{B,i,ist}$ automatisch ein und muss nicht geregelt werden. Wichtig für die Dynamik des Hybrid-mechanischen Systems sind allerdings die resultierenden Reifenkräfte und -momente der Räder, was in Abschnitt 5.2.4 deutlicher wird.

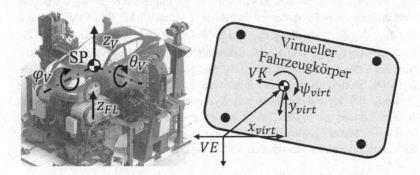

Abbildung 5.4: Freiheitsgrade des Hybrid-mechanischen Systems

Bevor das entwickelte, erweiterte Regelungskonzept vorgestellt wird, ist zunächst eine Betrachtung der gegebenen Randbedingungen in Bezug auf die vorhandenen Aktuatoren und Messgrößen sinnvoll. Dies wird im nachfolgenden Abschnitt durchgeführt.

5.2.2   Aktuatorschnittstellen und vorhandene Messgrößen

Eine grundlegende Randbedingung für die Entwicklung des erweiterten Regelungskonzepts ist, dass die Aktuatoren des HRW nur durch Sollvorgaben in Form von Steuersignalen angesteuert werden können, wie in Unterkapitel 2.1.2 beschrieben ist. Soll z. B. ein Wankmoment aufgeprägt werden, so wird ein entsprechendes Steuersignal gesendet. Dieses wird von einem unterlagerten MTS-Regler durch z. B. Ansteuerung der Servoventile des Aktuatorsystems mit einer gewissen Aktuatordynamik realisiert. Die dazugehörigen Steuersignale werden nachfolgend stets mit dem Index "c" gekennzeichnet. Die realisierten, gemessenen Größen werden mit dem Index *ist* indiziert. Die folgenden Aktuatorschnittstellen bzw. Steuersignale können verwendet werden. Diese stellen regelungstechnisch gesehen die Stellgrößen der zu entwickelnden Regler dar:

■ Vertikale Position $z_{B,i,c}$, Bandwinkel $\zeta_{B,i,c}$ und Bandgeschwindigkeit $v_{B,i,c}$ der vier Flachbandeinheiten

■ Vertikalkraft, Wank- und Nickmoment ($F_{z,c}, M_{x,c}, M_{y,c}$) des CGR auf den Fahrzeugaufbauschwerpunkt

Der Index $i = \{FL, FR, RL, RR\}$ wird wie in Kapitel 4 für die jeweilige Position des Fahrzeugrads verwendet. Zusätzlich sind die folgenden Steuersignale bei der Verwendung eines Fahrroboters vorgebbar: Lenkradwinkel $\delta_{L,c}$; Fahrpedalstellung $\delta_{P,c}$; Bremspedalstellung $\delta_{B,c}$ und für Fahrzeuge mit Handschaltgetriebe, die Wahl des Gangs $\delta_{G,c}$ und Kupplungspedalstellung $\delta_{K,c}$. Insgesamt sind bei der Nutzung eines Fahrroboters bis zu 20 Stellgrößen nutzbar und zu berücksichtigen. Die Stellgrößen des Fahrroboters dürfen dabei nicht für die Regelung der Dynamik des Hybrid-mechanischen Systems verwendet werden. Sie sind in diesem Kontext als äußere, nicht beeinflussbare Systemeingänge anzusehen. Neben den Steuersignalen für die Aktuatoren stellt der HRW fahrzeugseitig die folgenden, relevanten Messgrößen zur Verfügung.

■ Wankwinkel ϕ_V und Wankwinkelgeschwindigkeit $\dot{\phi}_V$

■ Nickwinkel θ_V und Nickwinkelgeschwindigkeit $\dot{\theta}_V$

■ Fahrzeugschwerpunktposition z_V und -beschleunigung $\ddot{z}_V$ in vertikaler Richtung

■ Reaktionskräfte in Längs- und Querrichtung des Fahrzeugs ($F_{x,CGR}, F_{y,CGR}$)

■ Reaktionsmoment um die Hochachse $M_{z,CGR}$

Die Größen des virtuellen Fahrzeugkörpers sind keine klassischen Messgrößen, sondern werden in der Simulation errechnet und sind folglich exakt bekannt.

In Bezug auf die Aktuatorik sind die theoretischen Voraussetzungen zur Erfüllung der Anforderungen und Ziele bereits erfüllt, da für jeden realen Freiheitsgrad ein eigener Aktuator zur Verfügung steht. Das Wank- und Nickmoment ($M_{x,c}$, $M_{y,c}$) sowie die Vertikalkraft $F_{z,c}$ des CGR können für die Regelung des Fahrzeugaufbaus verwendet werden. Mit den vertikalen Positionen der Flachbandeinheiten $z_{B,i,c}$ können die Radträgereinfederungen geregelt werden. Die Reifenkräfte und -momente können durch die Bandwinkel $\zeta_{B,i,ist}$ und Bandgeschwindigkeiten $v_{B,i,c}$ beeinflusst werden. Die Freiheitsgrade des virtuellen Fahrzeugkörpers sind bisher jedoch nicht durch virtuelle Aktuatoren oder Schnittstellen beeinflussbar. Deshalb wird dies im modularen, erweiterten Regelungskonzept ermöglicht und später in Unterkapitel 5.3.6 umgesetzt.

Für die angedachte Zustandsregelung von mechanischen Systemen ist zudem die Messung oder Schätzung der Position und Geschwindigkeit der im Modell definierten Freiheitsgrade bzw. Zustandsgrößen (Gelenkkoordinaten und -geschwindigkeiten) notwendig. Mit der bestehenden Messtechnik des HRW sind die wesentlichen Messgrößen des Fahrzeugaufbaus bereits vorhanden. Die noch fehlende Aufbauschwerpunktgeschwindigkeit $\dot{z}_V$ kann aus der vorhandenen Position oder Beschleunigung ermittelt werden.

Um jedoch alle oben genannten Anforderungen und Ziele dieser Arbeit unter Berücksichtigung der Prüfstandsrestriktionen aus 2.1.2 zu erreichen, muss das Hybrid-mechanische System für einige Anwendungen innerhalb des erweiterten Konzepts fahrzeugseitig mit zusätzlicher Messtechnik ausgerüstet werden. Aus diesem Grund befasst sich der nachstehende Abschnitt mit einer möglichen Erweiterung der Messgrößen. Damit wird z. B. die Regelung der Raderhebungen der Räder (Radträgereinfederungen) oder der Reifenkräfte sowie eine generelle Erweiterung der Untersuchungsmöglichkeiten mit dem HRW ermöglicht. Gleichzeitig trägt dies zur Vereinfachung des Reglerentwurfs bei.

5.2.3 Erweiterung der Messgrößen

Um die Raderhebungen regeln zu können, sind hierfür geeignete Sensoren zur Bestimmung der Messgrößen bzw. Zustände nötig. Hierzu können z. B. Laserabstands- und Beschleunigungssensoren verwendet werden. Aktive Fahrwerksysteme stellen die Radträgereinfederung teilweise bereits über CAN oder FlexRay zur Verfügung [51].

Um den Reglerentwurf zu vereinfachen, soll die Lenkungsmodellierung durch geeignete Maßnahmen im Regelungskonzept umgangen werden. Das Lenkungssystem kann aus dem Reglerentwurf ausgeklammert werden, indem man die Zahnstangenposition durch zusätzliche Messtechnik, wie Potentiometer, erfasst oder diese gegebenenfalls aus den bestehenden Steuergeräten des Fahrzeugs erhält. Ritzelwinkelsensoren, mit deren Hilfe die Zahnstangenposition bestimmt werden kann, sind bei aktiven Lenksystemen bereits Stand der Technik [51].

Diese Information ist eine geeignete Schnittstelle für die Kinematik-Kennfelder der Radaufhängungsmodellierung aus Kapitel 4. Damit muss die Modellierung des Lenkungssystems einschließlich der Hilfskraftunterstützung und Steuergerätefunktionen im Übertragungspfad von Lenkradwinkeleingabe des Fahrersystems bis zur Radaufhängung nicht modelliert und im Reglerentwurf berücksichtigt werden. Dies stellt eine signifikante Komplexitätsreduktion dar. Zudem ist die Messung der Zahnstangenposition ohnehin eine sinnvolle Erweiterung der fahrzeugseitigen Messtechnik, weil dies zur genaueren Untersuchung des Lenkungssystems im Gesamtfahrzeug auf dem HRW notwendig ist.

Abschließend wird vorgeschlagen, geeignete Sensorik zur Erfassung der Reifenkräfte und -momente in die Prüfstandsumgebung zu integrieren. Dies ist z. B. in Form von 6-Komponenten Messräder oder durch kostengünstigere Varianten [21] möglich, die die Kräfte mit Hilfe von Dehnungsmessstreifen anhand der Deformationen der Felge bestimmen.

Grundsätzlich ist eine Integration solcher Messtechnik zur verbesserten Analysefähigkeit mit dem HRW interessant, da dadurch das Reifenverhalten besser untersucht oder z. B. die Entwicklung und Validierung neuer Steuergerätefunktionen, wie Reibwertschätzern, ermöglicht wird. Darüber hinaus kann sowohl die Komplexität des Regelungskonzepts als auch des Reglerentwurfs verringert werden. Zum einen entfällt die Notwendigkeit den Antriebsstrang und das Bremssystem im Regelungskonzept weiter zu beachten und für den Reglerentwurf ggf. zu modellieren. Zum anderen können die gemessen Reifenkräfte entsprechend den Schnittstellen des Modells aus Kapitel 4 direkt zur verbesserten Modellabschätzung für die Regelung verwendet werden. Hierdurch entfällt auch die Notwendigkeit, Reifenmodelle für die Schätzung der resultierenden Reifenkräfte zu nutzen. Auch die in Abschnitt 5.1 angesprochene Kopplung des virtuellen Fahrzeugkörpers mit dem HRW über die gemessenen Reifenkräfte im Rahmen des grundlegenden Funktionsprinzips ist dann denkbar. Anhand der Simulationsergebnisse aus Kapitel 6 wird deutlich, dass sich für gewisse Betriebsbedingungen oder Fahrmanöver bereits hierdurch eine höhere Übereinstimmung zum Fahrversuch auf der Straße ergibt. Schließlich wird generell auch eine Reifenkraftregelung ermöglicht, die zukünftig für unterschiedlichste Anwendungen genutzt werden kann.

5.2.4 Das modulare, erweiterte Regelungskonzept

Anhand der vorangehenden Beschreibungen sind alle Voraussetzungen in Form von notwendigen Stell- und Messgrößen zur Erfüllung der Ziele auf S. 54 gegeben. Das dynamische Verhalten der sechs Aufbaufreiheitsgrade, der vier Radträgereinfederungen sowie der vier Reifenlängs- und Reifenquerkräfte kann nun geregelt und damit an das dynamische Verhalten auf der Straße angepasst werden. Im Folgenden wird nun das modulare, erweiterte Regelungskonzept zur Umsetzung dieser Ziele genauer vorgestellt. Die Entwicklung dieses Konzepts geht zunächst aus Simulationsanalysen anhand stark vereinfachter Modelle hervor, die teilweise bereits in [4] vorgestellt werden.

Der Ansatz ist, aufbauend auf dem grundlegenden Funktionsprinzip des Hybrid-mechanischen Systems aus Abschnitt 5.1, die gegebenen Möglichkeiten und Schnittstellen zu nutzen und das Hybrid-mechanische System um weitere modulare Steuerungs- und Regelungsstrukturen zu erweitern. Hierfür werden zusätzliche Regler eingeführt, um die Dynamik des Hybrid-mechanischen Systems, unter Berücksichtigung der in Abschnitt 2.1.2 beschriebenen Punkte, an die Dynamik eines Fahrzeugs auf der Straße anzupassen. Zur Erhöhung der Nachvollziehbarkeit werden die einzelnen Funktionsbausteine des modularen, erweiterten Regelungskonzepts sukzessive eingeführt.

Kompensation der systemdynamischen Unterschiede

Zunächst einmal werden die Hauptfunktionen zur Kompensation der systemdynamischen Unterschiede eingeführt und beschrieben. Diese erweitern die Struktur aus Abbildung 5.1 durch entsprechende Blöcke in Abbildung 5.5. Das Ziel dieser Regelungskonzepterweiterung ist es, dass das Hybrid-mechanische System den Bewegungsvorgaben bzw. Trajektorien eines Referenzsystems folgt, das die Fahrzeugdynamik auf der Straße repräsentiert und vorgibt. Dadurch wird, wie in Abschnitt 3.2 beschrieben, dem Hybrid-mechanischen System durch einen geeigneten Regelungsalgorithmus das dynamische Verhalten des Referenzsystems aufgeprägt. Parallel zum Hybrid-mechanischen System wird in Abbildung 5.5 deshalb ein Referenzsystem eingeführt, das die Aufgabe hat, das dynamische Soll- bzw. Wunschverhalten $\ddot{q}_{STR}$, also die Solldynamik, für die erweiterte Regelung vorzugeben. Diese Solldynamik wird entsprechend der realen Dynamik des Fahrzeugs auf dem HRW $\ddot{q}$ und der Dynamik des virtuellen Fahrzeugkörpers $\ddot{q}_{virt}$ aufgeteilt in $\ddot{q}_{STR,d}$ und $\ddot{q}_{STR,d,virt}$.

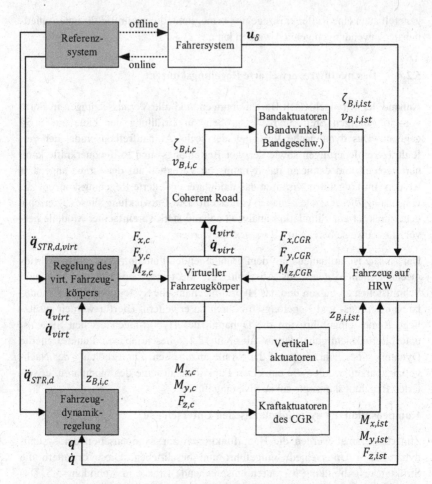

Abbildung 5.5: Erweiterungen des grundlegenden Funktionsprinzips zur Kompensation systemdynamischen Unterschiede, neue Funktionsbausteine in grau

Die neu eingeführten Blöcke „Fahrzeugdynamikregelung" und „Regelung des virtuellen Fahrzeugkörpers" haben die Aufgabe, das dynamische Verhalten des Hybrid-mechanischen Systems an die Solldynamik des Referenzsystems anzupassen. Die dazugehörige Regelungsaufgabe der beiden Regelungsblöcke wird entsprechend Abschnitt 3.2 als Folgeregelungsproblem mit Bewegungsvorgaben, also einer Trajektorienfolgeregelung, formuliert.

Die zu regelnden Freiheitsgrade des realen Fahrzeugs sind dabei das Wanken, Nicken, Huben und die vier Radträgereinfederungen. Entsprechend Abschnitt 5.2.2 werden für diese Aufgabe die vertikale Position der Flachbandeinheiten $z_{B,i,c}$, das Wankmoment $M_{x,c}$, das Nickmoment $M_{y,c}$ und die Vertikalkraft $F_{z,c}$ des CGR verwendet. In Bezug auf den virtuellen Fahrzeugkörper müssen die Längs-, Quer- und Gierbewegung geregelt werden. Hierzu werden drei virtuelle Stellgrößen eingeführt (Längskraft $F_{x,c}$, Querkraft $F_{y,c}$ und Giermoment $M_{z,c}$), wodurch nun auch der virtuelle Fahrzeugkörper in seinem dynamischen Verhalten beeinflusst verwenden kann. Die hierfür verwendeten Stellgrößen sind in Abbildung 5.6 zur Verdeutlichung anschaulich dargestellt. Weil in dieser Arbeit die Methoden der Zustandsregelung verwendet werden, müssen die Zustände (die Gelenkkoordinaten und -geschwindigkeiten) des Fahrzeugs auf dem HRW (q, $\dot{q}$) und des virtuellen Fahrzeugkörpers (q_{virt}, $\dot{q}_{virt}$) den Reglern zurückgeführt werden.

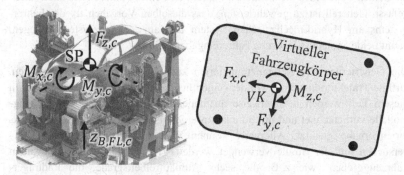

Abbildung 5.6: Verwendete reale und virtuelle Stellgrößen

Bei diesem Regelungskonzept ist die resultierende Dynamik des Hybridmechanischen Systems nun direkt von zwei Dingen abhängig: der Performance der eingeführten Regler sowie der Validität des Referenzsystems und der vorgegebenen Trajektorien. Einerseits muss die Reglerperformance so gut sein, dass das geregelte System der Referenzvorgabe genau und robust folgen kann, aber gleichzeitig keine dominante Dynamik, wie z. B. hochfrequente Oszillationen durch die Regelung, entstehen. Andererseits ist beim Entwurf des Referenzsystems und den dazugehörigen Trajektorienvorgaben zu gewährleisten, dass keine fehlerhafte Dynamik vorgegeben wird, sondern die echte Dynamik des auf dem Prüfstand verwendeten Fahrzeugs auf der Straße. Hierbei entsteht die Schwierigkeit, dass das dynamische Verhalten des verwendeten Fahrzeugs auf der Straße bekannt sein muss, um im Referenzsystem vorgegeben werden zu

können. Diese Teilaufgabe wird in der Literatur als Generierung von Referenztrajektorien, Trajektorien- oder Bewegungsplanung bezeichnet [35, 40, 53, 80,
133, 135, 136]. Der Vorteil dieses allgemeinen Referenzsystem-Ansatzes ist,
dass das Verfahren zur Generierung der Referenztrajektorien in Abhängigkeit
der Gegebenheiten und des Anwendungsfalls ausgewählt werden kann. Im Folgenden werden zunächst die Generierung der Referenztrajektorien bzw. der Solldynamik $\ddot{q}_{STR}$ sowie die dazugehörige Anwendungsfallabhängigkeit erläutert.
Anschließend wird auf die Thematik der notwendigen Reglerperformance näher
eingegangen und Reglerentwurfsverfahren zur Umsetzung der Solldynamik
beschrieben.

Generierung von Referenztrajektorien bzw. der Solldynamik

Das Referenzsystem wird, je nach Anwendungsfall, mit dem Fahrersystem verbunden. Unter dem Fahrersystem in Abbildung 5.5 werden, wie in Abschnitt 5.1,
die beiden Fälle eines menschlichen Fahrers und eines Fahrroboters zusammengefasst. Generell ist zu gewährleisten, dass dieselben Vorgaben u_δ des Fahrersystems am Hybrid-mechanischen System und am Referenzsystem anliegen,
damit beide Systeme identische Fahrereingaben erfahren.

Die Generierung der Referenztrajektorien kann offline oder online erfolgen.
Offline-Trajektorien werden vor dem eigentlichen Prüfstandsversuch ermittelt. In
diesem Fall werden beispielweise ausmodellierte, komplexe MKS-Fahrzeug-
modelle vorberechnet und die Simulationsergebnisse als Zeitsignale zur Trajek-
torienvorgabe genutzt. Alternativ können auch reale Messdaten aus Fahrversuchen auf der Straße verwendet werden. Hierfür müssen die relevanten
Fahrzeuggrößen (wie z. B. die sechs Aufbaufreiheitsgrade, die Radträgereinfederungen, der Lenkradwinkel, Fahr- und Bremspedalstellung, etc.) mess-
technisch erfasst werden. Anschließend müssen die Messungen z. B. durch geeignete Filterverfahren aufbereitet werden, um als Referenz für den Fahrversuch
auf dem HRW vorgeben werden zu können. Eine grundsätzliche Anforderung an
die Referenztrajektorien ist dabei stets, dass die resultierenden Signale
kontinuierlich, eindeutig, und beschränkt sind [80, 98, 133].

Bei der Verwendung der offline Trajektorien muss somit das reale Fahrzeug auf
dem HRW z. B. dieselben Lenkradwinkel erhalten, wie in der offline Simulation
vorgegeben oder bei der Straßenfahrt gemessen. In diesem Fall gibt das Referenzsystem die Vorgaben Lenkradwinkel, Fahr- und Bremspedalstellung für den
Fahrroboter vor (siehe Abbildung 5.5, Pfeil mit Beschriftung „offline"). Für ein
Fahrzeug mit Handschaltgetriebe sind zusätzlich die Kupplungspedalstellung
und die Wahl des Gangs zu beachten. Ein menschlicher Fahrer ist für Offline-

Trajektorien nicht geeignet, da nicht sichergestellt werden kann, dass dieser den Vorgaben des Referenzsystems ausreichend genau und reproduzierbar folgt. Aber der Fahrroboter ist für diese Aufgabe prädestiniert, denn dieser setzt gesteuert die Vorgaben in reproduzierbarer Weise um. Weil aber auch der Fahrroboter die Vorgaben nicht ideal umsetzen kann und ebenfalls ein Übertragungsverhalten hat, muss dieses geeignet berücksichtigt werden, um damit verbundene Abweichungen zu minimieren. Dies kann entweder durch den vorhandenen, etablierten RPC-Prozess von MTS [75, 157] iterativ oder zukünftig durch einen weiteren Regler direkt erfolgen. Aufgrund der bestehenden Möglichkeit den RPC-Prozess für diese Aufgabenstellung zu verwenden, wird in dieser Arbeit hierauf jedoch nicht weiter eingegangen.

Mögliche Anwendungen bei der Verwendung von Offline-Trajektorien sind beispielsweise die Untersuchung und Verifikation von Schätzverfahren für die Fahrdynamik, wie z. B. Reifensteifigkeits- oder Reibwertschätzung, oder Schwingungsanalysen im Gesamtfahrzeug unter reproduzierbaren, realistischen Laborbedingungen. Darüber hinaus können bei der Generierung bzw. Planung der Offline-Referenztrajektorien auch bereits die in Kapitel 2 angesprochenen Aktuatorbeschränkungen berücksichtigt und deren Einhaltung in der Vorabsimulation überprüft werden.

Ist im Gegensatz dazu ein valides, echtzeitfähiges Fahrzeugmodell zum dazugehörigen Fahrzeug auf dem HRW vorhanden, so kann dieses online die gewünschten Trajektorien generieren. Hierfür können kommerzielle Fahrzeugsimulationstools wie z. B. IPG CarMaker oder das in Kapitel 4 vorgestellte, eigene Fahrzeugmodell auf der Straße verwendet werden. Auch stärker vereinfachte Modelle sind denkbar, wie beispielsweise das erweitere Einspurmodell von Krantz [66], das die Querdynamik bis 3 Hz abbilden kann. Ist kein echtzeitfähiges Fahrzeugmodell vorhanden, so kann der HRW theoretisch dazu verwendet werden, um die Parametrierung der genannten Modelle durchzuführen. Dies wird in Abschnitt 2.2 angesprochen und ist ein eigenes Forschungsgebiet.

Bei Online-Trajektorien entfällt der Iterationsprozess mit RPC für den Fahrroboter. Zudem wird die Nutzung des modularen, erweiterten Regelungskonzepts in Kombination mit einem menschlichen Fahrer ermöglicht. Die gemessenen Fahrersystemvorgaben können einfach dem Referenzsystem übergeben werden (siehe Abbildung 5.5, Pfeil mit Beschriftung „online"), weil das Referenzsystem in diesem Fall die Referenzvorgabe in Echtzeit generieren kann. Das Referenzsystem reagiert dann entsprechend seiner Fahrzeugdynamik auf der Straße und dient als Bewegungsvorgabe für die erweiterte Regelung. Eine mögliche Anwendung bei der Nutzung von online generierten Trajektorien ist die Analyse der ganzheitlichen 3D-Fahrzeugdynamik unter realistischen, sicheren Bedingungen am Gesamtfahrzeug. Beispielsweise können sicherheitskritische oder hoch-dynamische Manöver mit aktiven Systemeingriffen mit höchster Überein-stimmung zur Straße und unter Laborbedingungen auf dem HRW getestet werden.

Reglerentwurfsverfahren zur Umsetzung der Solldynamik

Um den Referenztrajektorien möglichst ideal folgen zu können, werden für die Funktionsbausteine „Fahrzeugdynamikregelung" und „Regelung des virtuellen Fahrzeugkörpers" der Abbildung 5.5 modellbasierte, nichtlineare Reglerent-wurfsverfahren verwendet. Diese Verfahren erlauben grundsätzlich eine höhere Reglerperformance im Vergleich zu linearen Reglern [2, 53, 133, 135]. Zudem haben sie häufig eine physikalische Anschauung, wodurch das Systemver-ständnis verbessert und auch die nichtlinearen physikalischen Eigenschaften aus-genutzt werden können [133, 135]. Ferner ist die vorliegende Regelstrecke, das Hybrid-mechanische System, ein komplexes, nichtlineares Mehrgrößensystem. Infolgedessen ist die Nutzung von linearen Verfahren nur für eingeschränkte Betriebsbereiche möglich und sinnvoll. Mit dem HRW soll jedoch die ganz-heitliche Fahrzeugdynamik bis in den nichtlinearen Bereich untersucht werden können, was die Nutzung von Regelungsverfahren für nichtlineare Systeme er-forderlich macht.

Entsprechend der obigen Beschreibung sowie den zu Beginn des Kapitels genannten, hohen Anforderungen an die Reglerperformance, muss zur Erfüllung dieser Aufgabe das System „Fahrzeug auf dem HRW" modelliert werden. Das entstehende Reglerstreckenmodell muss sowohl in der Lage sein, das System möglichst gut abzubilden, als auch Eigenschaften, wie Echtzeitfähigkeit und Nutzbarkeit für den Reglerentwurf, zu gewährleisten. Aus diesem Grund spielt die Modellierung des Systems in Kapitel 4 eine Kernrolle im modularen, erwei-terten Regelungskonzept. Das dort beschriebene Modell wird dementsprechend anhand einer ganzheitlichen Betrachtung entwickelt.

Die mathematische Beschreibung des Modells wird für den Reglerentwurf in Abschnitt 5.3.2 so umformuliert, dass dieser möglichst einfach wird. Hierbei wird sichergestellt, dass das resultierende Differentialgleichungssystem für die Regelung relevante Eigenschalten wie z. B. Steuerbarkeit hat und ein eingangs-affines System darstellt. Für eine nähere Begriffsdefinition genannter Begriffe wird z. B. auf Adamy [2] verwiesen. Gleichzeit muss das dazugehörige Regler-entwurfsverfahren robust gegenüber Parameterunsicherheiten und Messfehlern sein sowie eine hohe Regelgüte durch modellbasierte Reglergesetze ermöglichen.

In Abschnitt 5.3.2 werden deshalb geeignete, nichtlineare Regelungsverfahren ausgesucht. In den Unterkapiteln 5.3.4 bis 5.3.6 werden diese umgesetzt. In der vorliegenden Arbeit wird zur Lösung des Regelungsproblems auf vorhandene Methoden und Vorgehensweisen aus der Robotik zurückgegriffen, denn das Hybrid-mechanische System kann systemtheoretisch als Roboter betrachtet werden. Des Weiteren ist die ganzheitliche Betrachtungsweise von Modellierung und Regelung dort bereits etabliert.

Reifenkraftregelung

In der ersten Ausbaustufe des modularen, erweiterten Regelungskonzepts wird noch nicht zwangsläufig sichergestellt, dass auch die Reifenkräfte dasselbe Verhalten aufweisen wie auf der Straße. Entsprechend der Diskussion in Abschnitt 2.1.2 kann sich das Reifenverhalten auf den Flachbändern von denen auf der Straße unterschieden. Durch die Regelung der virtuellen Freiheitsgrade wird zwar die Bewegung des virtuellen Fahrzeugkörpers an die auf der Straße angepasst, allerdings ist noch nicht zwangsläufig eine entsprechende Anpassung der Reifenkräfte gegeben.

Dies ist relevant, wenn signifikante Unterschiede durch den Reifen-Flachband-Kontakt im Vergleich zur Straßenfahrt entstehen. Im nächsten Schritt wird daher die Regelungsstruktur um den Block „Reifenkraftregelung" in Abbildung 5.7 erweitert. Die Reifenkraftregelung hat vergleichbar zu zuvor die Aufgabe, die Reifenlängskräfte $F_{x,T,i}$ und -querkräfte $F_{y,T,i}$ entsprechend der Vorgabe des Referenzsystems $(F_{x,T,i,d}, F_{y,T,i,d})$ einzuregeln.

Die Reifenkraftregelung ist nach der „Coherent Road" angeordnet und nutzt deren Berechnungen als Vorsteuerung. Durch einen geeigneten Regler können die gemessenen, zurückgeführten Reifenkräfte nun an die Vorgabe des Referenzsystems angepasst werden. Dazu werden die Bandwinkel $\zeta_{B,i,c}$ und Bandgeschwindigkeiten $v_{B,i,c}$ der Flachbandeinheiten entsprechend geregelt. Die neuen Steuersignale für die Bandaktuatoren werden mit $\zeta_{B,i,c}^R$ und $v_{B,i,c}^R$ angedeutet. Die Vorstellung der dazugehörigen Reglerentwürfe erfolgt aus Umfangsgründen nicht in dieser Arbeit und ist Gegenstand weiterer Forschung. Erste Entwürfe und Ergebnisse sind bereits in [70] gezeigt.

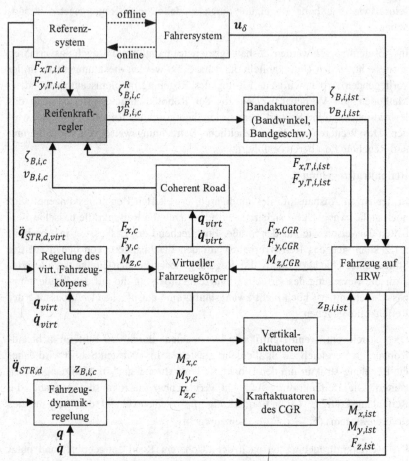

Abbildung 5.7: Erweiterung des Konzepts um eine Reifenkraftregelung

Verbesserung der Aktuatordynamik durch eine überlagerte Regelung

Abschließend soll im erweiterten Konzept noch die Aktuatordynamik verbessert werden können, weil diese einen nicht vernachlässigbaren Einfluss hat, was in Kapitel 6 bewiesen wird. Eine wesentliche Randbedingung für die Entwicklung des modularen, erweiterten Regelungskonzepts ist, dass die Aktuatoren des HRW nur durch Sollvorgaben angesteuert werden können. Dies ist auch in Unterkapitel 2.1.2 beschrieben. Folglich können zusätzlich nur überlagerte Regelungen eingeführt werden, während die Umsetzung der Sollvorgaben durch unterlagerte Regelungen der Aktuatoren realisiert wird. Dadurch entsteht eine

Kaskadenregelung bzw. -struktur. Für die Grundlagen zur Kaskadenregelung wird z. B. auf [39, 85, 128] verwiesen.

Die Aktuatordynamik des HRW ist im fahrdynamisch relevanten Betriebsbereich nahezu linear und z. B. im Vergleich zum querdynamischen Frequenzbereich in Bezug auf Lenkradwinkelanregungen sehr schnell. Beim Reglerentwurf für die „Fahrzeugdynamikregelung" kann deswegen auf eine explizite Einbeziehung der Aktuatordynamik verzichtet werden. Stattdessen wird diese bei den entwickelten Reglern in Abschnitt 5.3 als unmodellierte Dynamik berücksichtigt. Dies ist bei komplexen, mechatronischen Systemen ein gängiger Ansatz zur Vereinfachung der Reglerentwürfe und zur Komplexitätsbeherrschung [51, 135]. Dennoch kann durch eine Verbesserung der Aktuatordynamik auch die Reglerperformance weiter gesteigert werden. Darüber hinaus kann auch die Übereinstimmung zur Straße mit dem grundsätzlichen Funktionsprinzips hierdurch erhöht werden. Aus diesen Gründen werden schließlich zur vollständigen Steuerungs- und Regelungsstruktur des modularen, erweiterten Regelungskonzepts in Abbildung 5.8 die Blöcke „überlagerte Aktuatorregelung" hinzugefügt. Sie können unabhängig vom Reifenkraftregler und den Methoden zur Kompensation der systemdynamischen Unterscheide genutzt werden.

Durch diese zusätzliche Regelungsstruktur soll die Dynamik der Aktuatoren z. B. durch modellbasierte Vorsteuerungsverfahren weiter verbessert werden. Um den Umfang der Arbeit zu beschränken, werden hierzu geeignete Reglerentwürfe ebenfalls nicht diskutiert. Erste Schritte in Richtung einer verbesserten, modellbasierten Analyse der hydraulischen Aktuatoren des HRW sowie der dazugehörigen Regelungsverfahren sind in [71, 156] erfolgt. Darüber hinaus sollen zukünftig auch Stellgrößenbeschränkungen berücksichtigt und prädiktive Verfahren zur Kompensation der Totzeit durch Vorausschau genutzt werden können. Geeignete Verfahren hierzu sind z. B. in [10, 29, 107] beschrieben.

Im Rahmen des vorgeschlagenen, erweiterten Konzepts kann schlussendlich das dynamische Verhalten der sechs Aufbaufreiheitsgrade, der vier Radträgereinfederungen sowie der vier Reifenlängs- und Reifenquerkräfte an das Verhalten des Referenzsystems angepasst werden. Infolgedessen ist dieses Konzept theoretisch in der Lage, die ganzheitliche 3D-Fahrzeugdynamik auf der Straße mit dem HRW abzubilden und zu reproduzieren. Es berücksichtigt die beschriebenen Restriktionen und Einflüsse aus Unterkapitel 2.1.2. und erfüllt alle in der Einleitung des Kapitels genannten Anforderungen.

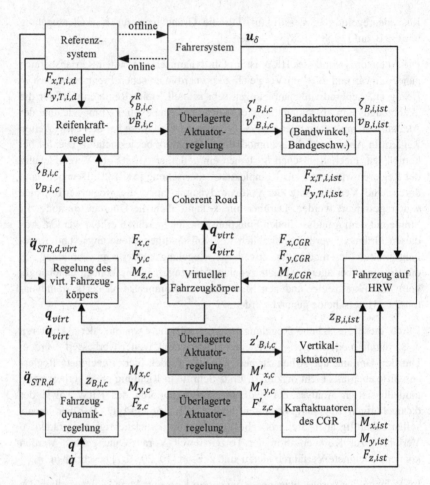

Abbildung 5.8: Das modulare, erweiterte Regelungskonzept

In den nächsten Abschnitten werden ausgewählte Reglerentwürfe für das modulare, erweiterte Regelungskonzept vorgestellt. Wie erwähnt, können nicht zu allen Funktionsbausteinen die dazugehörigen Reglerentwürfe beschrieben werden. Weil die systemdynamischen Unterschiede erwartungsgemäß den höchsten Einfluss haben und bisher unerforscht sind, wird der Fokus hierauf gelegt. Nachfolgend werden deshalb nur die Reglerentwürfe für die Funktionsbausteine „Fahrzeugdynamikregelung" und „Regelung des virtuellen Fahrzeugkörpers" vorgestellt.

5.3 Kompensation der systemdynamischen Unterschiede

Aufbauend auf der ganzheitlichen Betrachtungsweise und dem modularen, erweiterten Regelungskonzept werden in diesem Abschnitt geeignete Reglerentwurfsverfahren zur Kompensation der systemdynamischen Unterschiede ausgesucht und entwickelt.

5.3.1 Formulierung des Regelungsproblems

Zunächst wird hierfür das Regelungsproblem als Trajektorienfolgeregelung entsprechend dem erweiterten Konzept und den Zielen dieser Arbeit formuliert mit:

$$\ddot{q}_{HRW} \overset{!}{=} \ddot{q}_{STR} \qquad \text{Gl. 5.11}$$

Sprachlich ausgedrückt soll das dynamische Verhalten des Hybrid-mechanischen Systems auf dem HRW $\ddot{q}_{HRW}$ identisch zum dynamischen Verhalten eines Fahrzeugs auf der Straße $\ddot{q}_{STR}$ sein. $\ddot{q}_{STR}$ wird im Folgenden als Solldynamik (englisch: desired dynamics) definiert und vom Referenzsystem als Zeitsignal vorgegeben. Eigentlich repräsentieren die Vektoren $\ddot{q}_{HRW}$ und $\ddot{q}_{STR}$ die Vektoren der Gelenkbeschleunigungen des Hybrid-mechanischen Systems bzw. des Fahrzeugs auf der Straße. Jedoch ergeben sich bei der Modellierung von Mehrkörpersystemen die dazugehörigen Geschwindigkeiten und Positionen in konsistenter Weise aus der Integration der dazugehörigen Bewegungsgleichungen, die nach den Beschleunigungen aufgelöst sind. Deshalb repräsentieren die Beschleunigungen sozusagen das dynamische Verhalten eines mechanischen Mehrkörpersystems. Aus diesem Grund werden die Beschleunigungen in der englischen Literatur, siehe z. B. [81, 133, 135], auch als Dynamik oder dynamisches Verhalten eines mechanischen Systems bezeichnet. Auch in dieser Arbeit werden die Begriffe Dynamik oder dynamisches Verhalten mit den Gelenkbeschleunigungen gleichgesetzt.

Der Vektor $\ddot{q}_{STR}$ wird in Gl. 5.12 aufgeteilt in die Freiheitsgrade, die auf dem Prüfstand gesperrt sind ($\ddot{q}_{STR,d,virt}$) und die, die weiterhin uneingeschränkt bleiben ($\ddot{q}_{STR,d}$). Der Index d steht für desired, in Anlehnung an die Konvention aus der englischen Literatur.

$$\ddot{q}_{STR} = [\ddot{q}_{STR,d}, \ddot{q}_{STR,d,virt}] \qquad \text{Gl. 5.12}$$

Der Vektor $\ddot{q}_{HRW}$ besteht wiederum aus den Freiheitsgraden des Systems „Fahrzeug auf dem HRW" und dem virtuellen Fahrzeugkörper:

$$\ddot{q}_{HRW} = [\ddot{q}, \ddot{q}_{virt}]$$ Gl. 5.13

Im folgenden Abschnitt werden zunächst Reglerentwurfsverfahren ausgesucht, die für die vorliegende Regelungsaufgabe und das Hybrid-mechanische System geeignet sind. Anschließend werden die Bewegungsgleichungen des in Abschnitt 4.4 beschriebenen Modells in eine geeignete Form überführt, damit sie direkt für die ausgewählten Regelungsverfahren verwendet können. Dies schließt auch eine einfache Systemanalyse und -klassierung ein. Danach werden beispielhaft Regler für den Block „Fahrzeugdynamikregelung" des modularen, erweiterten Regelungskonzepts in den Abschnitten 5.3.4 und 5.3.5 entworfen. Abschließend wird in Abschnitt 5.3.6 eine Möglichkeit aufgezeigt, auch den virtuellen Fahrzeugkörper in seiner Dynamik an eine vorgegebene Referenz anzupassen.

5.3.2 Auswahl geeigneter Reglerentwurfsverfahren

Wie erwähnt, sind für das vorliegende Regelungsproblem die etablierten Methoden aus der Robotik geeignet. Lineare Verfahren werden aufgrund der im vorherigen Abschnitt genannten Gründe nicht weiter in Betracht gezogen. Ein bekanntes Regelungsverfahren für mechanische Systeme ist die Computed-Torque-Methode. Sie ist eng verbunden mit den MKS-Prinzipien und nutzt das Problem der Inversen Dynamik für den Reglerentwurf. Teilweise wird daher auch der Begriff Inverse Dynamics Control verwendet. Regelungstechnisch gesehen ist dieses Verfahren der Methode der exakten Zustandslinearisierung zugeordnet (englisch: Feedback Linearization). [36, 56, 133, 135, 136, 151, 153]

Diese Methode ist insbesondere für MKS mit offener Topologie geeignet [36, 153], wie dem in Kapitel 4 vorgestellten Fahrzeugmodell. Der dazugehörige modellbasierte Reglerentwurf ist geradlinig und mit dem aus Abschnitt 4.4 entwickelten Prozess einfach umsetzbar. Gleichzeitig wird durch diese Methode eine hohe Reglerperformance ermöglicht, unter der Bedingung eines idealen bzw. genauen Modells der Regelstrecke [2, 133]. Demgegenüber bringt diese Bedingung Nachteile mit sich. Ideale Modelle sind per Definition nicht möglich [1, 19, 101, 153]. Nach beispielsweise [53, 81, 133, 135] ist die Performance dieses Verfahrens sehr sensitiv in Bezug auf Parameterunsicherheiten und -fehler des Modells. Ein weiterer Nachteil ist, dass Robustheitseigenschaften, wie eine garantierte Stabilität unter definierten Bedingungen, für nichtlineare Systeme nicht gegeben werden können [2, 133]. Darum sind ausführliche Simulations- sowie Validierungsuntersuchungen mit sicherheitstechnischen Rückfallebenen notwendig [2, 133]. Das Verfahren kann für den vorliegenden Nutzungsfall trotzdem genutzt werden, da sowohl die sicherheitstechnischen Rückfallebenen als auch die hohe Modellgenauigkeit gegeben sind.

Die oben genannten Nachteile führen aufbauend auf der Computed-Torque-Methode zur Entwicklung von erweiterten Regelungsverfahren, bei denen z. B. Parameterunsicherheiten berücksichtigt werden können. In der Literatur wird zwischen zwei möglichen Regelungsansätzen unterschieden, der robusten und der adaptiven Regelung [81, 133, 135]. Das Ziel von beiden Ansätzen ist es, die Reglerperformance trotz Parameterunsicherheiten, unmodellierter Dynamik, äußeren Störungen und weiteren Unsicherheiten zu erhalten [135].

An dieser Stelle wird für die weitere Auswahl der Regelungsverfahren die Empfehlung von Åström [9] genutzt: Wenn die Systemdynamik konstant ist, sollte ein Regler mit konstanten Parametern genutzt werden. Da die Systemdynamik des Hybrid-mechanischen Systems als konstant und reproduzierbar angesehen werden kann, wird im Weiteren ein Regelungsverfahren aus der robusten Regelung ausgewählt.

Ein geeignetes Verfahren, das die hohen Anforderungen an die Reglerperformance und Robustheit erfüllt, ist die Sliding-Mode-Regelung. Teilweise ist sie in der Literatur auch unter dem Begriff strukturvariable Regelung (englisch: variable-structure control) bekannt [2]. Dieses Regelungsverfahren ist z. B. im Robotikbereich etabliert [81, 133, 151], findet aber auch des Öfteren Anwendung in der Fahrdynamikregelung [7, 69, 77, 158]. Es handelt sich um ein nichtlineares, robustes Regelungsverfahren, das einen vergleichsweise intuitiven und geradlinigen Reglerentwurfsprozess mit einem integriertem Stabilitätsnachweis ermöglicht. Die Sliding-Mode-Regelung erlaubt es, Fehler bei der Modellierung durch unmodellierte Dynamik oder Parameterunsicherheiten sowie äußere Störungen im Reglerentwurf zu berücksichtigen. Darüber hinaus garantiert sie eine präzise Folgeregelung und Systemstabilität, unter der Bedingung, dass die z. B. die Parameterunsicherheiten definierte Grenzen nicht überschreiten [81, 133]. Für den theoretischen Fall idealer Aktuatoren ist dadurch sogar ein perfektes Tracking möglich [133]. Ermöglicht wird dies durch diskontinuierliche Schaltfunktionen. Hierdurch ergeben sich auf der Gegenseite hohe Anforderungen an die Aktuatorik [2, 53, 133]. Aufgrund der schnellen, diskontinuierlichen Schaltung kommt es zu dem sogenannten Chattering-Effekt [2, 56, 126, 133]. Dabei handelt es sich um ein hochfrequentes Schalten der Stellgrößen, wodurch die Aktuatoren stark belastet werden und es zu einem erhöhten Verschleiß kommen kann [2, 133]. Eine Beispielsimulation hierzu wird in Abschnitt 6.2.3 gezeigt.

Das Chattering-Problem kann jedoch durch geeignete Verfahren oder Erweiterungen gelöst werden [69, 81, 82, 126, 133, 155]. In dieser Arbeit wird das Konzept der Boundary Layer (BL, deutsch: Grenzschicht) verwendet. Dieser Ansatz ermöglicht auf der einen Seite ein Tracking mit einer garantierten Genauigkeit, auf der anderen Seite werden geringere Anforderungen an die Aktuatordynamik gestellt und die Aktuatoren nicht so stark belastet [56, 133]. Durch die Boundary Layer Erweiterung wird ein Kompromiss zwischen Genauigkeit und Reduktion des Chattering-Effekts ermöglicht, indem eine Art Filterung der Stellgrößen durch ein zulässiges Fehlerband, die Boundary Layer, durchgeführt wird [56, 133].

Die typische Struktur eines robusten Reglers besteht aus zwei Teilen: Einem nominellen Teil, der in dieser Arbeit identisch zur Computed-Torque-Methode ist und einem Teil, der zusätzliche Terme zur Gewährleistung der Robustheit und zur Handhabung der Unsicherheiten enthält [133]. Die Sliding-Mode-Regelung stellt hier somit eine Erweiterung der Computed-Torque-Methode dar. In den nachfolgenden Kapiteln werden deshalb Reglerentwürfe anhand dieser beiden Regelungsmethoden vorgestellt.

Auf weitere, denkbare Verfahren, wie passivitätsbasierte Regelungen, Control-Lyapunov-Funktionen, Gain-Scheduling-Regler, etc., die z. B. in [52, 53, 56, 67, 79, 81, 135, 151] zu finden sind, wird im Rahmen diese Arbeit nicht genauer eingegangen. Es soll jedoch kurz die modellbasierte prädiktive Regelung (englisch: Model Predictive Control - MPC) angesprochen werden. Die dazugehörigen Regelungsmethoden sind z. B. gemäß Adamy [2] „(…) die am häufigsten in der Industrie eingesetzten fortgeschrittenen Regelungsverfahren". Diese haben aufgrund der eingebauten Prädiktions- und Optimierungseigenschaften Vorteile [2, 29]. Beispielsweise können Totzeiten oder Aktuatorbeschränkungen online berücksichtigt werden. Aufgrund der eingeschränkten Echtzeitfähigkeit in Kombination mit nichtlinearen Mehrgrößensystemen und schnellen Prozessen kommen sie jedoch für die Fahrzeugdynamikregelung momentan nicht in Betracht.

5.3.3   Umformulierung der Bewegungsgleichungen für die Fahrzeugdynamikregelung

In diesem Abschnitt werden die Bewegungsgleichungen des Fahrzeugmodells auf dem HRW aus Kapitel 4 so umformuliert, dass sie direkt für den Reglerentwurf genutzt werden können. Im Rahmen dieser Arbeit wird darauf verzichtet, sämtliche dazugehörigen Begriffe ausführlich einzuführen und zu definieren.

Stattdessen wird auf geeignete Quellen verwiesen. Auch die folgenden Gleichungen sowie späteren Reglergesetze werden nur abstrahiert dargestellt. Sie sind ausgeschrieben so umfangreich, dass eine anschauliche Darstellung im Rahmen einer schriftlichen Niederschrift nicht zielführend ist. Auch deshalb werden bei der praktischen Umsetzung symbolische Berechnungsverfahren zur rechnergestützten Systemanalyse und Ableitung der Reglergesetze verwendet.

Wie bereits zu Beginn von Abschnitt 5.2 erwähnt, wird die Radeigendrehung der vier Räder beim Reglerentwurf entkoppelt. Dies kann als Modellreduktion betrachtet werden. Damit reduziert sich die Anzahl der Modellfreiheitsgrade auf sieben. Die neuen Vektoren der Gelenkkoordinaten und -geschwindigkeiten sind im Vergleich zu Gl. 4.1 und 4.2 gegeben durch:

$$q = [\varphi_V, \theta_V, z_V, z_{FL}, z_{RL}, z_{FR}, z_{RR}]^T \qquad \text{Gl. 5.14}$$

$$\eta = \dot{q} = [\dot{\varphi}_V, \dot{\theta}_V, \dot{z}_V, \dot{z}_{FL}, \dot{z}_{RL}, \dot{z}_{FR}, \dot{z}_{RR}]^T \qquad \text{Gl. 5.15}$$

Dies sind nur die realen Freiheitsgrade des Systems „Fahrzeug auf dem HRW". Die gesperrten Freiheitsgrade, die durch den virtuellen Fahrzeugkörper abgebildet werden, werden in Abschnitt 5.3.6 regelungstechnisch an die Dynamik auf der Straße angepasst.

Die Bewegungsgleichungen des Fahrzeugs auf dem HRW (Gl. 4.7 bis 4.10) können nach einigen mathematischen Umformungen in die allgemeine Form der Bewegungsgleichungen aus der Robotik (Gl 5.16) gebracht werden [81, 133, 135, 151]:

$$M(q, u_\delta)\ddot{q} + C(q, \dot{q}, u_\delta)\dot{q} + g(q, u_\delta) = f(q, \dot{q}, u_c, u_\delta) \qquad \text{Gl. 5.16}$$

Dies lässt sich effizient mit Hilfe symbolischer Programmierung umsetzen, da die Bewegungsgleichungen entsprechend Kapitel 4 in analytischer Form vorliegen. Die Form aus Gl. 5.16 ist günstig für den Reglerentwurf, denn es können nützliche Systemeigenschaften ausgenutzt werden, um das Regelungsproblem zu vereinfachen und den Rechenaufwand zu verringern. Die Matrix M stellt die verallgemeinerte Massenmatrix entsprechend Gl. 4.8 dar. Der Vektor $\ddot{q}$ beschreibt die Gelenkbeschleunigungen. Die Matrix C fasst die Terme zusammen, die linear mit dem Gelenkgeschwindigkeitsvektor $\dot{q}$ multipliziert werden können. Hier sind beispielsweise die Zentrifugal- und Coriolis-Terme enthalten [133, 135]. Der Vektor g beschreibt die Gravitationsterme, die unabhängig vom Geschwindigkeitsvektor $\dot{q}$ sind, allerdings nichtlinear von den Lagekoordinaten q abhängen können [133, 135]. Der Kraftvektor f beinhaltet sowohl die internen, eingeprägten Kräfte als auch externe Kräfte sowie die Stellgrößen des HRW. Er ist identisch zum Vektor k^e aus Gl. 4.7.

Hervorzuheben ist, dass im Vergleich zur klassischen Bewegungsgleichung der Robotik, der Vektor u_δ in allen genannten Größen zu berücksichtigen ist. Dieser Vektor ist der Steuereingangsvektor des Fahrersystems entsprechend dem modularen, erweiterten Regelungskonzept. Aufgrund der rheonomen Abhängigkeit der Radträgerbewegung von der Zahnstangenposition taucht dieser Vektor auch bei den Termen von M, C und g auf. Die Größen von u_δ können für den Reglerentwurf systemtheoretisch als messbare, aber nicht beeinflussbare Störungen betrachtet werden. Sie werden jedoch im Modell berücksichtig, um die Regelungsperformance zu verbessern. Diese Vorgehensweise entspricht einer Art Störgrößenaufschaltung [135], die auch z. B. in der linearen Regelungstheorie bekannt ist [85, 141].

Der Vektor u_c stellt den Stellgrößenvektor für die Fahrzeugdynamikregelung dar und beinhaltet die Aktuatoren des HRW entsprechend Abschnitt 5.2.2. An dieser Stelle wird zwischen zwei Fällen unterschieden. Sollen beispielsweise Fahrmanöver auf einer ebenen Fahrbahn durchgeführt werden, so ist es nicht notwendig, die Radträgereinfederung zu regeln. Die Radträgereinfederung ergibt sich in diesen Fällen automatisch in Abhängigkeit der Bewegung des Fahrzeugaufbaus. Der Stellgrößenvektor wird dann durch

$$u_{c,3} = \left[M_{x,c}, M_{y,c}, F_{z,c} \right]^T \qquad \text{Gl. 5.17}$$

beschrieben. Der Index c,3 steht für command und die Dimension des Vektors. In diesem Fall sind drei Stellgrößen vorhanden, das Wank- und Nickmoment ($M_{x,c}, M_{y,c}$) sowie die Vertikalkraft auf den Fahrzeugaufbau $F_{z,c}$.

Wird im Referenzsystem jedoch eine signifikante Fahrbahnanregung vorgegeben, so muss die Radträgereinfederung entsprechend geregelt werden. Der Stellgrößenvektor wird um die vertikale Position der vier Flachbandeinheiten $z_{B,i,c}$ erweitert und ergibt sich zu

$$u_{c,7} = \left[M_{x,c}, M_{y,c}, F_{z,c}, z_{B,FL,c}, z_{B,RL,c}, z_{B,FR,c}, z_{B,RR,c} \right]^T. \qquad \text{Gl. 5.18}$$

Um die Radträgereinfederungen durch die vertikale Position der Flachbandeinheiten regeln zu können, muss ein mathematisches Modell zur Beschreibung des dazugehörigen Zusammenhangs formuliert werden. In dieser Arbeit wird hierfür der in der Literatur gängige Ansatz genutzt, den Reifen in vertikaler Richtung als reines Federelement ohne Dämpfung zu approximieren [45, 109, 123, 147]. In

Kombination mit einer vereinfachten Kontaktpunktberechnung nach Schnelle [122] kann der Einfluss der vertikalen Bewegung der Flachbandeinheiten auf die Radträgerbewegung beschrieben werden. Gleichzeitig werden durch den modellbasierten Reglerentwurf mit dem Fahrzeugmodell aus Kapitel 4 die komplexen Kopplungseffekte mit der Aufbaubewegung berücksichtigt.

In den Reglerentwürfen der folgenden Kapitel wird nur der Fall $u_{c,7}$ behandelt und die dazugehörigen Regler hergeleitet. Der Reglerentwurf mit drei Stellgrößen $u_{c,3}$ ist von der grundsätzlichen Vorgehensweise gleich. Er unterscheidet sich jedoch um die Reduktion der zu regelnden Größen durch eine Zustandstransformation, denn die Radträgereinfederungen können dann nicht mehr geregelt werden. Die Radträgereinfederung kann für diesen Fall systemtheoretisch als eine stabile interne Dynamik betrachtet werden [2, 52, 56]. Es werden aber beide Ansätze in Kapitel 6 verwendet und verglichen.

Weiter kann Gl. 5.16 umgeschrieben werden zu Gl. 5.19, wobei nachfolgend auf die Formulierung der Abhängigkeiten in Klammern verzichtet wird.

$$M\ddot{q} + C\dot{q} + g = f_e + G_c\,u_c \qquad \text{Gl. 5.19}$$

Diese Gleichung stellt die Basis für den Reglerentwurf in den folgenden Abschnitten dar. Hier wird der Kraftvektor f aufgeteilt in zwei Terme: den Kraftvektor f_e, der unabhängig von den Stellgrößen ist und die Terme mit den Stellgrößen u_c. Diese Darstellung entspricht einem eingangsaffinen System, weil der Eingangsvektor u_c linear in die Gleichungen eingeht [2, 83, 133]. Diese Systemeigenschaft vereinfacht den nichtlinearen Reglerentwurf bedeutend [2, 53, 133]. Für den Fall $u_{c,7}$ ergeben sich sieben Ausgangsgrößen bei sieben Stellgrößen. Es handelt sich somit um nichtlineares Mehrgrößensystem zweiter Ordnung mit derselben Anzahl Ein- und Ausgangsgrößen, einem sogenannten Rechteck-System (englisch: square system) [133].

Die entsprechende Eingangsmatrix G_c ist in Gl. 5.20 definiert. Die Matrix J^T stellt hier analog zu Kapitel 4 die transponierte, globale Jacobimatrix dar. Die Eingangsmatrix $\widehat{G}_c$ beschreibt die Abhängigkeiten des Eingangsvektors auf die Freiheitsgrade des Systems in räumlichen Koordinaten. Die Terme g_{cij} (mit der jeweiligen Indizierung ij in Abhängigkeit des Matrixeintrags) sind lange Terme, die ungleich null sind. Aufgrund der Länge können sie hier nicht ausformuliert werden. Wichtig ist aber zu erwähnen, dass die Eingangsmatrix für den verwendeten Reglerentwurf invertierbar sein muss. Dies ist nur unter der Annahme gewährleistet, dass die Reifen nicht von den Flachbändern abheben. Darüber hinaus muss für die Invertierbarkeit beachtet werden, dass der Nickwinkel θ_V

betragsmäßig kleiner als 90° sein muss. Dies ist bereits durch den Versuchs-
aufbau auf dem HRW sichergestellt. Der Nachweis der Invertierbarkeit wird
rechnergestützt durchgeführt.

$$G_c = J^T \widehat{G}_c = \begin{bmatrix} \cos(\theta_V) & 0 & 0 & g_{C14} & g_{C15} & g_{C16} & g_{C17} \\ 0 & 1 & 0 & g_{C24} & g_{C25} & g_{C26} & g_{C27} \\ 0 & 0 & 1 & g_{C34} & g_{C35} & g_{C36} & g_{C37} \\ 0 & 0 & 0 & g_{C44} & 0 & 0 & 0 \\ 0 & 0 & 0 & 0 & g_{C55} & 0 & 0 \\ 0 & 0 & 0 & 0 & 0 & g_{C66} & 0 \\ 0 & 0 & 0 & 0 & 0 & 0 & g_{C77} \end{bmatrix}^T \qquad \text{Gl. 5.20}$$

Als nächstes werden weitere Systemeigenschaften der Gleichung 5.19 angesprochen, die für die folgenden Reglerentwürfe relevant sind. Die Massenmatrix
M ist symmetrisch und positiv definit [121, 133, 135, 153]. Für eine Definition
von positiv definiten Matrizen wird z. B. auf [89, 133, 153] verwiesen. Die
Terme auf der linken Seite der Gleichung sind zudem in dieser Formulierung
linear in den Systemparametern (Massen, Geometriegrößen wie Längen, etc.).
Sie können wie folgt umgeschrieben werden [81, 133, 135]:

$$M\ddot{q} + C\dot{q} + g = Y(q, \dot{q}, \ddot{q}, u_\delta)\, \theta \qquad \text{Gl. 5.21}$$

Der Vektor θ beschreibt den Parametervektor, der die Parameter des Modells
enthält. Die Matrixfunktion Y wird Regressor genannt [98, 133, 135]. Diese Formulierung wird in Abschnitt 5.3.5 für die Robustheitsabschätzung verwendet.
Gleichzeitig liefert sie die Grundlage für adaptive Regelungsverfahren, falls
diese in der Zukunft genutzt werden sollen. Darüber hinaus ist das System aus
Gl. 5.19 passiv und hat die sogenannte schiefsymmetrische Eigenschaft (englisch: skew-symmetric property) [53, 81, 133, 135]. Für einen allgemeinen Nachweis dieser Eigenschaften wird auf [81, 133, 135] verwiesen. Die schiefsymmetrische Eigenschaft wird bei der Herleitung des Sliding-Mode-Reglers in Abschnitt 5.3.5 genutzt und ist definiert durch

$$s^T(\dot{M} - 2C)s = 0. \qquad \text{Gl. 5.22}$$

Anstelle der Schaltfunktion s aus Abschnitt 5.3.5 erfüllt auch ein beliebiger Vektor der entsprechenden Dimension die Gleichung 5.22, denn der Term $(\dot{M} - 2C)$
entspricht einer schiefsymmetrischen Matrix. Schließlich wird hervorgehoben,
dass durch die in Kapitel 4 gewählte Modellierung des Fahrzeugs als offenes
MKS, der Ausgangsvektor y des Systems „Fahrzeug auf dem HRW" trivialerweise dem Zustandsvektor x entspricht. Der Ausgangsvektor ist für das vor-

liegende, eingangsaffine System steuerbar und systemtheoretisch flach [2, 53]. Damit ist die Realisierung einer Regelung zur Lösung des Regelungsproblems aus Gl. 5.11 systemtheoretisch möglich.

Insgesamt sind damit basierend auf Gl. 5.19 und den oben gezeigten System-eigenschaften alle notwendigen Bedingungen erfüllt, um nachfolgend den Reglerentwurf für die „Fahrzeugdynamikregelung" umzusetzen.

5.3.4 Reglerentwurf mit der Computed-Torque-Methode

Zunächst wird der Reglerentwurf anhand der Computed-Torque-Methode durch-geführt. Wie in Abschnitt 5.3.2 erwähnt, nutzt diese Methode die MKS-Prinzi-pien und verwendet das Problem der Inversen Dynamik für den Reglerentwurf [133, 135]. Ausgehend von Gl. 5.19 wird bei der Computed-Torque-Methode der Stellgrößenvektor u_c wie folgt gewählt:

$$u_c = G_c^{-1}(Mv + C\dot{q} + g - f_e) \qquad \text{Gl. 5.23}$$

Dieses Reglergesetz enthält, neben den bereits bekannten Termen zur modell-basierten Vorsteuerung, die neu eingeführte, virtuelle Stellgröße v (englisch: vir-tual control). Diese wird in einem zweiten Schritt weiter verwendet, um dem System die Solldynamik $\ddot{q}_{STR,d}$ aufzuprägen. Einsetzen von Gl. 5.23 in Gl. 5.19 ergibt das geregelte System eines Fahrzeugs auf dem HRW in der Form

$$\ddot{q} = v. \qquad \text{Gl. 5.24}$$

Dies ist ein vollständig linearisiertes System zweiter Ordnung. Der Regler er-zeugt somit eine exakte Zustandslinearisierung des Mehrgrößensystems [2, 133, 135]. Das heißt, alle Nichtlinearitäten des Systems werden aus dem Systemver-halten entfernt. Hierfür müssen die Eingangsmatrix G_c und die Massenmatrix M invertierbar sein. Ersteres ist bereits im vorherigen Abschnitt beschrieben. Die Massenmatrix ist per Definition positiv definit und symmetrisch. Damit ist sie auch invertierbar [2, 36, 133, 135, 153].

Die virtuelle Stellgröße v kann nun dazu verwendet werden, um das Regelungs-problem entsprechend Gl 5.11 zu lösen und durch Rückführung asymptotisch stabil zu gestalten. Zunächst wird der Folgefehlervektor

$$\tilde{q} = q - q_{STR,d} \qquad \text{Gl. 5.25}$$

eingeführt. Dieser ist analog für die Geschwindigkeitsebene $\tilde{\dot{q}}$ definiert. Die virtuelle Stellgröße v wird entsprechend [81, 135, 151] gewählt durch

$$v = \ddot{q}_{STR,d} - K_P \tilde{q} - K_D \tilde{\dot{q}} \qquad \text{Gl. 5.26}$$

mit den beiden Reglerparametermatrizen K_D und K_P. Diese Formulierung des Regelungsproblems führt dazu, dass das geregelte Hybrid-mechanische System ein nicht-autonomes System wird, weil die Solldynamik $\ddot{q}_{STR,d}$ explizit zeitabhängig ist. Damit ist auch das resultierende, geregelte System explizit zeitabhängig. Einsetzen von Gl. 5.26 in 5.24 ergibt nach umformen die resultierende Systemdynamik zu

$$\tilde{\ddot{q}} + K_D \tilde{\dot{q}} + K_P \tilde{q} = 0. \qquad \text{Gl. 5.27}$$

Hierbei handelt es sich um eine homogene, lineare Differentialgleichung zweiter Ordnung für die Fehlerdynamik zwischen der Solldynamik auf der Straße $\ddot{q}_{STR,d}$ und der Systemdynamik des Fahrzeugs auf dem HRW $\ddot{q}$. Systemtheoretisch gesehen muss nun die Fehlerdynamik hinsichtlich ihrer Stabilität untersucht werden. Dies ist ein klassisches, lineares Stabilisierungsproblem, das durch geeignete Wahl der Reglerparametermatrizen dazu führt, dass Gl. 5.27 asymptotisch stabil gegen Null konvergiert. Wenn der Fehler gleich Null ist, dann ist das Regelziel aus Gl. 5.11 erreicht und die Dynamik des Fahrzeugs auf dem HRW $\ddot{q}$ ist gleich der Solldynamik $\ddot{q}_{STR,d}$.

Die Parameter der Matrizen K_D und K_P können hierfür durch unterschiedliche Verfahren aus der linearen Regelungstheorie gewählt werden [2, 81, 135]. In dieser Arbeit wird die Vorgabe nach [133] verwendet, da dort eine anschauliche Methodik zur Wahl der Reglerparameter zur Verfügung gestellt wird. Hier werden die beiden Parametermatrizen abhängig voneinander gewählt, sodass sich die folgende Darstellung ergibt:

$$\tilde{\ddot{q}} + 2\Lambda \tilde{\dot{q}} + \Lambda^T \Lambda \, \tilde{q} = 0 \qquad \text{Gl. 5.28}$$

Nun müssen die Parameter der Reglerparametermatrix Λ gewählt werden. Üblicherweise werden nur die Hauptdiagonalen entsprechend der Dynamik des dazugehörigen Zustands gewählt, während die Nebendiagonalen zu null gesetzt werden [133]. Dies hat unter anderem den Vorteil, dass weniger Parameter gewählt werden müssen und die Freiheitsgrade entkoppelt bleiben. Für eine ausführliche Beschreibung zur methodischen Wahl der Reglerparameter anhand von

Systemeigenschaften, wie z. B. unmodellierten Strukturmoden oder vernachlässigter Verzögerungen durch Aktuatoren wir auf [129, 133] verwiesen.

Mit den zwei Schritten der Gleichungen 5.23 und 5.26 wird das Regelungsproblem aus Gl 5.11 gelöst. Diese zwei Schritte werden in der englischen Literatur auch inner-loop/outer-loop control architecture genannt [133, 135]. Der innere Regelkreis nutzt den Eingang u_c, um das System durch Modellinversion zu linearisieren, was einer modellbasierten Vorsteuerung entspricht. Der äußere Regelkreis stabilisiert das linearisierte System durch Rückführung entlang der Solldynamik bzw. Referenztrajektorie.

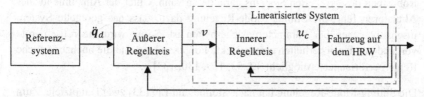

Abbildung 5.9: Innerer-Kreis-Äußerer-Kreis Regelungsstruktur

Dieses Vorgehen kann nach Spong et al. [135] wie folgt interpretiert werden: Die Modellinversion kann als Stellgrößentransformation betrachtet werden. Hierbei wird das Regelungsproblem von der Aufgabe der Wahl von Eingangskräften und -momenten transformiert zur Wahl von Beschleunigungsvorgaben. Dies stellt eine Vereinfachung des Regelungsproblems dar. Dieselbe Vorgehensweise wird auch zur Regelung des virtuellen Fahrzeugkörpers in Abschnitt 5.3.6 verwendet. Hierfür ist diese Methode ausreichend, weil der virtuelle Fahrzeugkörper stets in der Simulation vorliegt und exakt bekannt ist. Für reale Regelstrecken sind jedoch einige Nachteile vorhanden. Die Computed-Torque-Methode setzt voraus, dass ein ideales Modell der Regelstrecke vorliegt [2, 133, 151]. Da ein ideales bzw. perfektes Modell per Definition nicht möglich ist, muss zur Sicherstellung einer hohen Reglerperformance das Modell für die Vorsteuerung so genau wie möglich sein. Folglich ergeben sich Abweichungen zur Solldynamik, wenn die Modellierung signifikante Fehler aufweist. Zudem ist die Analyse der Systemstabilität und Robustheit unter Berücksichtigung von Modell- und Messfehlern mit erhöhtem Aufwand verbunden oder teilweise gar nicht möglich [2, 133]. Aufgrund der genannten Nachteile erfolgt in Abschnitt 5.3.5 ein robuster Reglerentwurf mit den Methoden der Sliding-Mode-Regelung.

5.3.5   Reglerentwurf mit den Methoden der Sliding-Mode-Regelung

Die Sliding-Mode-Regelung stellt einen systematischen Ansatz und eine geradlinige Vorgehensweise zur Verfügung, um ein stabiles Systemverhalten mit hoher Reglerperformance trotz des Einflusses von Modellungenauigkeiten zu gewährleisten. Dieses Konzept erlaubt die Handhabung und Berücksichtigung von Unsicherheiten im Reglerentwurf, wie z. B. von Modellfehlern (z. B. unmodellierte Dynamik, Parameterfehler, etc.) und Messungenauigkeiten. Zudem ist eine einfache Umsetzung eines Stabilitätsnachweises möglich [81, 133]. Die bedeutendste Eigenschaft der Sliding-Mode-Regelung ist, dass sie höchste Robustheit des geregelten Systems garantieren kann. Unter der Annahme idealer Aktuatoren führt die Sliding-Mode-Regelung dazu, dass das geregelte System insensitiv gegenüber Parameterunsicherheiten ist. Somit wird theoretisch trotz vorhandener Unsicherheiten eine perfekte Folgeregelung und die höchstmögliche Reglerperformance ermöglicht. [2, 53, 129, 130, 133]

Die Sliding-Mode-Regelung hat nach Slotine und Li [133] zwei Hauptziele. Zum einen soll ein Reglergesetz entworfen werden, das effektiv Parameterunsicherheiten und unmodellierte Dynamik berücksichtigen kann. Zum anderen sollen auch Zielkonflikte hinsichtlich der Modellierung, Parameteridentifikationsgenauigkeit und Reglerperformance quantifiziert werden können.

Parameterunsicherheiten können dabei explizit in den Gleichungen des Modells berücksichtigt werden. Sie treten z. B. in Form von ungenau identifizierten Modellparametern (Massen, Steifigkeiten, etc.) oder Effekten wie Reibung auf. Für den dazugehörigen Reglerentwurf wird in dieser Arbeit deshalb beachtet, dass unter anderem die Massenmatrix, die Coriolisterme, die eingeprägten Kräfte sowie die Eingangsmatrix nicht exakt bekannt sind. Stattdessen wird angenommen, dass nur eine ausreichende Abschätzung für diese Größen vorliegt. Unter unmodellierter Dynamik werden bei der Modellierung vernachlässigte systemdynamische Eigenschaften verstanden. Dazu gehören Punkte wie unmodellierte, hochfrequente Strukturmoden, vernachlässigte Aktuatordynamik oder Messrauschen. Im vorliegenden Anwendungsfall sind dies z. B. vernachlässigte Fahrwerkseigenschaften, durch die Modellierung vernachlässigte Komponenten, wie Lenker und elastische Lager (siehe Abschnitt 4.2) oder die Dynamik der Aktuatoren des HRW.

Obwohl eine perfekte Folgeregelung theoretisch erreicht werden kann, führen die genannten Unsicherheiten in der Praxis zu einem notwendigen Kompromiss zwischen Reglerperformance, Aktuatorbeanspruchung und der vorhandenen

Aktuatordynamik [2, 81, 133]. Dieser Kompromiss wird nach der Herleitung des Reglergesetzes näher beschrieben.

Die Sliding-Mode-Methodik beruht auf einer Vereinfachung der Notation der Differentialgleichungen. Hierdurch wird ein Folgeregelungsproblem n-ter Ordnung in ein Stabilisierungsproblem erster Ordnung überführt [81, 133]. Eine tiefergehende Betrachtung der Fehlerdynamik zwischen Soll- und Ist-Dynamik rückt hierbei in den Vordergrund. Anstelle der einfachen Abweichung gemäß Gl. 5.25, wird hier eine zeitvariante Fläche im Zustandsraum bzw. eine Schaltfunktion s eingeführt. In der englischen Literatur wird s auch als sliding manifold oder sliding surface bezeichnet [2, 126, 133]. In dieser Arbeit wird s definiert durch einen gewichteten Fehlerterm aus Positions- und Geschwindigkeitsfehlern, was als eine Art gefilterte Fehlervariable betrachtet werden kann [133]:

$$s = \dot{\tilde{q}} + \Lambda \tilde{q} \qquad \text{Gl. 5.29}$$

Für das gegebene mechanische Rechtecksystem hat die Schaltfunktion s dieselbe Dimension wie der Vektor der Minimalkoordinaten aus Gl. 5.14. Die Reglerparametermatrix Λ (vgl. Abschnitt 5.3.4) ist quadratisch mit n Spalten und n Zeilen. Eine anschauliche Eigenschaft der Schaltfunktion ist, dass sie für den Fall $s = 0$ eine stabile Fehlerdifferentialgleichung erster Ordnung mit einer Ruhelage im Ursprung erzeugt. Die Fehlerdifferentialgleichung konvergiert dann asymptotisch stabil gegen Null und entspricht einem stabilen, linearen Filter. Dies bedeutet wiederum für den vorliegenden Fall, dass die Dynamik des Fahrzeugs auf dem HRW $\ddot{q}$ dann der Solldynamik des Referenzsystems $\ddot{q}_{STR}$ entspricht, sobald die Fehlerdifferentialgleichung konvergiert ist. Folglich ist ein wesentliches Ziel durch Regelungseingriffe $s = 0$ zu erreichen. Für mechanische Systeme ist die Formulierung aus Gl. 5.29 geeignet. Die Wahl von s ist aber generell abhängig von der Dynamik der Regelstrecke und dem formulierten Regelungsproblem. Theoretisch sind andere Formulierungen denkbar, die beispielsweise in [7, 82, 126, 133] gezeigt sind, auf die hier aber nicht weiter eingegangen wird. Für eine tiefergehende Interpretation und detaillierte Erläuterungen zur Schaltfunktion s wird aus Umfangsgründen auf [56, 126, 133] verwiesen.

In Anlehnung an [133] wird nun zur weiteren Vereinfachung die Variable $\dot{q}_r$ eingeführt

$$\dot{q}_r = \dot{q}_{STR,d} - \Lambda \tilde{q}. \qquad \text{Gl. 5.30}$$

Damit ergibt sich die Schaltfunktion und deren Zeitableitung zu

$$s = \dot{\tilde{q}} + \Lambda \tilde{q} = \dot{q} - \dot{q}_r, \qquad \text{Gl. 5.31}$$

$$\dot{s} = \ddot{\tilde{q}} + \Lambda \dot{\tilde{q}} = \ddot{q} - \ddot{q}_r. \qquad \text{Gl. 5.32}$$

Nun kann mit den Methoden der Sliding-Mode-Regelung ein Reglergesetz hergeleitet werden. Diese Methoden verwenden für die Herleitung die Stabilitätstheorie von Lyapunov für nicht-autonome Systeme. Nach [131, 133] ist die folgende Funktion V_L ein geeigneter Lyapunov-like Funktionskandidat:

$$V_L = \frac{1}{2} s^T M s \qquad \text{Gl. 5.33}$$

Dieser Ansatz führt später zu dem Vorteil, dass im Reglergesetz die Massenmatrix nicht invertiert werden muss. Zudem ist V_L positiv definit, weil sie eine quadratische Gleichung in Vektorform von s darstellt und die Massenmatrix positiv definit ist. Dies ist eine notwendige Voraussetzung für den Stabilitätsnachweis nach Lyapunov. Durch ableiten der Lyapunov-like Funktion V_L nach der Zeit ergibt sich

$$\dot{V}_L = s^T M \dot{s} + \frac{1}{2} s^T \dot{M} s. \qquad \text{Gl. 5.34}$$

Einsetzen von Gl. 5.32 in Gl. 5.34 ergibt

$$\dot{V}_L = s^T M (\ddot{q} - \ddot{q}_r) + \frac{1}{2} s^T \dot{M} s. \qquad \text{Gl. 5.35}$$

Nun können die Bewegungsgleichungen eines Fahrzeugs auf dem HRW gemäß Gl. 5.19 für den Term $M\ddot{q}$ eingesetzt werden. Das führt zu Gl. 5.36.

$$\dot{V}_L = s^T (-C\dot{q} - g + f_e + G_c u_c - M\ddot{q}_r) + \frac{1}{2} s^T \dot{M} s \qquad \text{Gl. 5.36}$$

Umformen von Gl. 5.32 nach $\dot{q}$ und einsetzen dieses Ausdrucks in Gl. 5.36 führt nach erneutem Umformen zu

$$\dot{V}_L = s^T (-M\ddot{q}_r - C\dot{q}_r - g + f_e + G_c u_c) + \frac{1}{2} s^T (\dot{M} - 2C) s. \qquad \text{Gl. 5.37}$$

Mit der beschriebenen schiefsymmetrischen Systemeigenschaft aus Gl. 5.22 vereinfacht sich Gl. 5.37 zu Gl. 5.38.

$$\dot{V}_L = s^T (-M\ddot{q}_r - C\dot{q}_r - g + f_e + G_c u_c) \qquad \text{Gl. 5.38}$$

Entsprechend den Methoden von Lyapunov muss der Eingangsvektor $\boldsymbol{u}_c$ so gewählt werden, dass $\dot{V}_L \leq 0$ ist, damit die Folgeregelung stabil ist [53, 56, 133]. Bei der Verwendung der Methoden der Sliding-Mode-Regelung nach Slotine und Li [133] muss darüber hinaus die sogenannte Sliding-Bedingung (englisch: sliding condition) erfüllt werden. Diese wird definiert durch

$$\dot{V}_L \leq - \sum_{i=1}^{n} \sigma_i |s_i|,$$

Gl. 5.39

wobei i die Zählvariable des Vektoreintrags darstellt und n die Anzahl der Minimalkoordinaten gemäß Gl. 5.14 beschreibt. Die Variablen σ_i stellen positive Konstanten dar, die frei wählbar sind und bei der Reglerparametrierung eingestellt werden müssen. Die Sliding-Bedingung stellt sicher, dass die Systemtrajektorien für beliebige Anfangsbedingungen in endlicher Zeit die Schaltfunktion $\boldsymbol{s} = 0$ erreichen und diese zu einer invarianten Menge wird [133]. Anschaulich bedeutet dies, dass gewisse Störungen und Unsicherheiten in der Dynamik toleriert werden können und die Systemdynamik der Regelstrecke für $\boldsymbol{s} = 0$ nur durch die Fehlerdifferentialgleichung aus Gl. 5.29 definiert ist [133]. Das heißt, sobald die Systemtrajektorien $\boldsymbol{s} = 0$ erreichen, konvergieren die Folgefehler trotz der Unsicherheiten entlang der invarianten Menge $\boldsymbol{s} = 0$ asymptotisch stabil gegen den Nullvektor. Für den vorliegenden Fall wird hierzu der Eingangsvektor und somit das Reglergesetz gewählt zu

$$\boldsymbol{u}_c = \overline{\boldsymbol{G}}_c^{-1} \left(\underbrace{\overline{\boldsymbol{M}} \ddot{\boldsymbol{q}}_r + \overline{\boldsymbol{C}} \dot{\boldsymbol{q}}_r + \overline{\boldsymbol{g}} - \overline{\boldsymbol{f}}_e}_{\boldsymbol{u}_m} \underbrace{- \boldsymbol{k} \, sgn(\boldsymbol{s})}_{\boldsymbol{u}_s} \right).$$

Gl. 5.40

Die Querbalken kennzeichnen, dass es sich hierbei um ein Modell des realen Systems handelt. Die Terme ohne Balken in den Gleichungen davor repräsentieren die reale Regelstrecke. Das Reglergesetz hat zwei Teile. Zum einen entspricht der zusammengefasste Vektor $\boldsymbol{u}_m$ multipliziert mit der Eingangsmatrix, vergleichbar zu Kapitel 5.3.4, der modellbasierten Vorsteuerung bzw. Modellinversion. Zum anderen wird der Vektorterm $\boldsymbol{u}_s$ dazu genutzt, um eine stabile Folgeregelung zu ermöglichen. Die enthaltene Funktion $sgn(\boldsymbol{s})$ wird als Signumfunktion bezeichnet und gibt nur das jeweilige Vorzeichen der Variable wieder [56, 133]. Der Vektor $\boldsymbol{k}$ stellt eine dynamische, modellbasierte Fehlerabschätzung zwischen dem Modell und der Regelstrecke dar, was im Folgenden hergeleitet und deutlich wird. Mit diesem Reglergesetz ergibt sich für den Fall eines perfekten Modells (also $\overline{\boldsymbol{M}} = \boldsymbol{M}$, usw.) die Gleichung

$$\dot{V}_L = -s^T k \, sgn(s) = -\sum_{i=1}^{n} k_i |s_i|. \qquad\qquad \text{Gl. 5.41}$$

Für den Fall eines perfekten Modells können die Reglerparameter k_i beliebig positiv und konstant gewählt werden, um $\dot{V}_L < 0$ zu gewährleisten und die Sliding-Bedingung zu erfüllen. Gemäß den Methoden von Lyapunov konvergiert folglich die Lyapunov-like Funktion V_L asymptotisch stabil gegen Null. Mit Gl. 5.33 folgt, dass dann auch s gegen Null konvergieren muss, weil die Massenmatrix positiv definit und somit ungleich Null ist. Folglich konvergieren auch die Folgefehler auf Positions- und Geschwindigkeitsebene gegen Null.

Da ein perfektes Modell jedoch nicht möglich ist, wird dies bei der Sliding-Mode-Regelung durch modellbasierte Fehlerabschätzungen berücksichtigt. Um die Vorgehensweise beim Stabilitätsbeweis anschaulich und kompakt zu beschreiben, werden hier die folgenden Annahmen getroffen: Die Eingangsmatrix des Modells ist exakt ($\overline{G}_c = G_c$). Die restlichen Terme weisen Unsicherheiten auf, die in Anlehnung an [133] additiv eingehen. Hierfür können die folgenden Fehlerterme definiert werden

$$\widetilde{M} = \overline{M} - M; \quad \widetilde{C} = \overline{C} - C; \quad \widetilde{g} = \overline{g} - g; \quad \widetilde{f}_e = \overline{f}_e - f_e, \qquad \text{Gl. 5.42}$$

wobei die Fehler nicht exakt bekannt sind. Einsetzen des Reglergesetz u_c (Gl. 5.40) in Gl. 5.38 unter Beachtung der Fehlerterme führt auf die Gleichung

$$\dot{V}_L = s^T\left(\widetilde{M}\ddot{q}_r + \widetilde{C}\dot{q}_r + \widetilde{g} - \widetilde{f}_e - k \, sgn(s)\right). \qquad \text{Gl. 5.43}$$

Erneut ist das Ziel zu gewährleisten, dass die Sliding-Bedingung unter Berücksichtigung der Unsicherheiten erfüllt wird. Dazu wird Gl. 5.43 zunächst in eine äquivalente Summenschreibweise in Anlehnung an Gl. 5.41 überführt:

$$\dot{V}_L = s^T\left(\widetilde{M}\ddot{q}_r + \widetilde{C}\dot{q}_r + \widetilde{g} - \widetilde{f}_e\right) - \sum_{i=1}^{n} k_i |s_i| \qquad \text{Gl. 5.44}$$

Um nun die Sliding-Bedingung zu erfüllen, müssen die Variablen k_i folgende Ungleichung sicherstellen:

$$k_i \geq \left|\left[\widetilde{M}\ddot{q}_r + \widetilde{C}\dot{q}_r + \widetilde{g} - \widetilde{f}_e\right]_i\right| + \sigma_i \qquad\qquad \text{Gl. 5.45}$$

Die Variable i repräsentiert wie zuvor den jeweiligen Vektoreintrag und σ_i entspricht den Konstanten aus der Sliding-Bedingung. Gl. 5.45 stellt eine Art obere Schranke bzw. Fehlerabschätzung dar, sodass sichergestellt wird, dass die

Unsicherheiten stets kleiner sind als die gewählte Schranke. Sie sagt auch aus, dass die Reglerparameter k_i eigentlich modellbasierten dynamischen Gleichungen entsprechen und durch Fehlerabschätzungen festgelegt werden müssen. Hierfür wird in der Sliding-Mode-Regelung angenommen, dass die Fehler zwar nicht exakt bekannt sind, aber nach oben abgeschätzt werden können und somit obere Schranken für die Fehler bekannt sind. Die Fehlerterme innerhalb des Betrags müssen hierzu sinnvoll abgeschätzt werden. Dabei gilt: je genauer das Modell dem realen System entspricht, desto kleiner kann k_i gewählt werden. Dies führt automatisch zu einer besseren Reglerperformance und einer Reduktion des Chattering. Hierzu bietet es sich an, einige Terme von Gl. 5.45 unter Verwendung von Gl. 5.21 umzuformulieren, um die Eigenschaft zu nutzen, dass die Massenparameter linear in den Gleichungen enthalten sind [133, 135].

$$\tilde{M}\ddot{q}_r + \tilde{C}\dot{q}_r + \tilde{g} = Y_r(q, \dot{q}, \dot{q}_r, \ddot{q}_r, u_\delta)\, \tilde{\theta} \qquad \text{Gl. 5.46}$$

Dadurch wird die Fehlerabschätzung vereinfacht, denn nun kann der Fehler im Parametervektor $\tilde{\theta}$ separat zum Regressor Y_r abgeschätzt werden. Zunächst wird der Fehlerterm

$$Y_r\, \bar{\theta} - Y_r\, \theta = Y_r\, \tilde{\theta} \qquad \text{Gl. 5.47}$$

eingeführt, der nun wie folgt abgeschätzt werden kann [89, 142]:

$$\left\| Y_r\, \tilde{\theta} \right\| \leq \left\| Y_r \right\| \left\| \tilde{\theta} \right\| \leq \left\| Y_r \right\| \left\| \Delta\theta \right\| \qquad \text{Gl. 5.48}$$

Der neue Vektor $\Delta\theta$ stellt eine obere Abschätzung des Parameterfehlers dar, der bekannt sein oder bestimmt werden muss. Hierdurch können Fehler bei der Parameteridentifikation durch Messgenauigkeit, etc. berücksichtigt werden. Beispielsweise lassen sich nun Fehler bei den identifizierten Fahrzeugträgheitsmomenten tolerieren, indem diese durch sinnvolle Abschätzungen berücksichtigt werden. Analog zu dieser Vorgehensweise kann auch mit dem Vektor $\tilde{f}_e$ der eingeprägten Kräfte umgegangen werden. Dieser Vektor besteht z. B. aus den Federkräften der Radaufhängungen oder den Reifenkräften. Diese Anteile setzen sich ebenfalls additiv zusammen und können deshalb einzeln und analog zu Gl. 5.48 nach oben abgeschätzt werden. Insgesamt können die Reglerparameter k_i mit Hilfe solcher Abschätzung wie folgt gewählt werden:

$$k_i = \left| [Y_r(q, \dot{q}, \dot{q}_r, \ddot{q}_r, u_\delta)\, \Delta\theta - \Delta f_e((q, \dot{q}, u_\delta))]_i \right| + \sigma_i \qquad \text{Gl. 5.49}$$

Diese Reglerparameter sind nicht konstant, sondern werden zur Laufzeit berechnet. Durch das Reglergesetz, bestehend aus Gl. 5.40 und Gl. 5.49, wird nun
sichergestellt, dass die Sliding-Bedingung aus Gl. 5.39 trotz der Parameterunsicherheiten erfüllt ist und das Regelungsziel $s = 0$ in endlicher Zeit erreicht
wird. Wie für den beschrieben Fall eines perfekten Modells führt dies dazu, dass
der Fehler zwischen der Referenzvorgabe und dem Fahrzeug auf dem HRW
gegen Null konvergiert. Gleichzeitig ist das Systemverhalten durch den Term
$sgn(s)$ für den Fall idealer Aktuatoren für $s = 0$ insensitiv gegenüber den
genannten Unsicherheiten [53, 133]. Hiermit wird eine hohe Robustheit und
Reglerperformance garantiert. Für einen mathematischen Beweis zu diesem
generellen Zusammenhang wird auf z. B. [126, 129, 133, 134] verwiesen. Kann
überdies sichergestellt werden, dass die Anfangsbedingungen zwischen der Referenzvorgabe (Fahrzeug auf der Straße) und der Regelstrecke (Fahrzeug auf dem
HRW) identisch sind, dann ist das Ziel $s = 0$ direkt erfüllt. Für die praktische
Anwendung am HRW ist es somit stets empfehlenswert, dass die Anfangsbedingungen zwischen der Regerenzsystem und dem Hybrid-mechanischen
System vor Versuchsbeginn synchronisiert werden.

Die gezeigten Gleichungen stellen eine einfachere Variante des Reglerentwurfs
dar, weil die Eingangsmatrix G_c hier als exakt modelliert angenommen wird. Die
eigentliche Umsetzung des Reglergesetzes erfolgt generell unter Berücksichtigung von Unsicherheiten in der Eingangsmatrix und mit Hilfe von rechnergestützten Berechnungsverfahren. Der Stabilitätsbeweis gestaltet sich hierfür
komplexer und wird im Anhang A4 angedeutet. Die Vorgehensweise bei der
Umsetzung beruht auf den Methoden aus [130, 131, 133, 134].

Ein wesentlicher Nachteil dieser Methodik ist, dass aufgrund der Unsicherheiten
der in Abschnitt 5.3.2 beschriebene Chattering-Effekt eintritt. Durch die Signumfunktion im Reglergesetz kommt es zu Diskontinuitäten in der berechneten Stellgröße. Dies führt wiederum zu einer hohen Aktuatorbeanspruchung. Darüber
hinaus können die realen Aktuatoren des HRW diese Vorgaben voraussichtlich
nicht umsetzen. Aus diesen Gründen wird das Reglergesetz aus Gl. 5.40 entsprechend dem in Abschnitt 5.3.2 erwähnten Konzept der Boundary Layer angepasst,
indem die Signumfunktion durch eine stetige Approximation angenähert wird
[56, 81, 133]. Für den jeweiligen Vektoreintrag ergibt sich

$$u_{si} = -k_i \, sat(s_i/\phi_i). \hspace{3cm} \text{Gl. 5.50}$$

Die Sättigungsfunktion $sat(x)$ ist für eine Variable x nachstehend definiert.

$$sat(x) = \begin{cases} x, & f\ddot{u}r - 1 < x < 1 \\ 1, & f\ddot{u}r\ x \geq 1 \\ -1, & f\ddot{u}r\ x \leq -1 \end{cases}$$

Gl. 5.51

Die neuen Reglerparameter ϕ_i beschreiben die Grenzschichtdicke der jeweiligen Schaltfunktion s_i [56, 131, 133]. Hier wird auf eine detaillierte mathematische Systemanalyse verzichtet und auf [56, 133] verwiesen. Stattdessen sollen die Auswirkungen dieser Approximation kurz beschrieben werden. Eine Veranschaulichung wird durch Simulationsergebnisse in Abschnitt 6.2.3 gegeben. Außerhalb der Grenzschicht ist das neue Reglergesetz gleich zu zuvor. Innerhalb der Grenzschicht wird jedoch nicht mehr garantiert, dass $s = 0$ erreicht wird. Dadurch ist keine perfekte Folgeregelung mehr möglich [7, 48, 133, 155]. Allerdings ist eine Folgeregelung mit garantierter Genauigkeit gegeben, die in Form der Grenzschichtdicke quantifiziert werden kann. Gleichzeitig wird das Chattering vermieden und der Stellgrößenvektor u_c tiefpassgefiltert [133]. Durch geeignete Einstellung der Reglerparameter ϕ_i, σ_i und der Reglerparametermatrix Λ kann nun ein Kompromiss zwischen der Genauigkeit der Folgeregelung, der Beanspruchung der Aktuatorik und der Robustheit des geschlossenen Regelkreises in Bezug auf Unsicherheiten und Störgrößen erfolgen.

Neben dem Grenzschichtansatz gibt es diesbezüglich weitere Lösungsansätze, wie eine dynamische Grenzschicht [131], alternative stetige Approximationen der Signumfunktion [81, 126] oder erweiterte Sliding-Mode-Verfahren wie z. B. Nonsingular fast terminal sliding-mode control [95, 96, 155]. Weitere Verfahren sind unter anderem in [7, 48, 126] zu finden. Allerdings führt bereits der einfache Grenzschichtansatz mit konstanten Werten für ϕ_i hier zu zufriedenstellenden Ergebnissen in der Simulation, weshalb auf die Einbindung weiterer Verfahren verzichtet wird. Für angedachte Einsätze am realen HRW sind diese jedoch gegebenenfalls in Betracht zu ziehen, falls z. B. eine weitere Erhöhung der Reglerperformance gewünscht ist oder vernachlässigte Effekte wie Reibung hier unterschätzt werden.

5.3.6   Regelung des virtuellen Fahrzeugkörpers

Schließlich wird die „Regelung des virtuellen Fahrzeugkörpers" eingeführt. Hierbei werden gemäß dem modularen, erweiterten Regelungskonzept zunächst die Bewegungsgleichungen des virtuellen Fahrzeugkörpers (Gl. 5.6) nachstehend um virtuelle Stellgrößen $u_{virt,c}$ erweitert. Hierdurch ergeben sich Gl. 5.52 und 5.53.

$$M_{virt}\,\ddot{q}_{virt} = {}^{VE}T_{VK}\,f_{coupl,CGR} + {}^{VE}T_{VK}\,f_{aero,virt} + G_{virt}\,u_{virt,c} \qquad \text{Gl. 5.52}$$

$$u_{virt,c} = [M_{z,c}, F_{x,c}, F_{y,c}]^{T} \qquad\qquad\qquad \text{Gl. 5.53}$$

Diese Stellgrößen stellen einen virtuellen Kraftwinder dar, der ein virtuelles Moment um die Hochachse $M_{z,c}$ und zwei Kräfte $F_{x,c}$ und $F_{y,c}$ beinhaltet (anschaulich in Abbildung 5.6 gezeigt). Sie werden nun genutzt, um dessen Dynamik $\ddot{q}_{virt}$ an die Dynamik des Referenzsystems $\ddot{q}_{STR,d,virt}$ anzupassen. Weil der virtuelle Fahrzeugkörper auch später im praktischen Anwendungsfall am realen HRW in der Simulation vorliegt, ist dieser stets exakt bekannt. Damit ist eine exakte Zustandslinearisierung durch die Computed-Torque-Methode ausreichend und ein Stabilisierungsterm wie zuvor ist nicht notwendig. Folglich ergibt sich das Reglergesetz mit dem Computed-Torque-Ansatz zu

$$u_{virt,c} = G_{virt}^{-1}(-{}^{VE}T_{VK}\,f_{coupl,CGR} - {}^{VE}T_{VK}\,f_{aero,virt} + \cdots$$
$$M_{virt}\,\ddot{q}_{STR,d,virt}). \qquad\qquad\qquad \text{Gl. 5.54}$$

Damit kann die Fahrzeugdynamik auf der Straße mit dem virtuellen Körper perfekt reproduziert werden. Systemtheoretisch handelt es sich um eine ideale Störgrößenaufschaltung, wenn man die Koppelkräfte und aerodynamischen Einflüsse als messbare Störgrößen auffasst. Folglich ist auch die Art der Kopplung zwischen dem Fahrzeug auf dem HRW und dem virtuellen Fahrzeugkörper bei der Verwendung dieses Funktionsbausteins nicht relevant. Auf eine Darstellung der Reglergesetze bei der Verwendung der Reifenkraftkopplung kann somit verzichtet werden.

Anschaulich gesehen stellt der virtuelle Stellgrößenvektor u_{virt} die Terme aufgrund der systemdynamischen Unterschiede zur Fahrzeugdynamik auf der Straße dar. Hierdurch wird auch eine greifbare Bewertung hinsichtlich der Übereinstimmung ohne Kompensation möglich. Sind die virtuellen Stellgrößen klein, so ist per se eine hohe Übereinstimmung zum Straßenversuch gegeben. Ferner wird durch diese Formulierung die Durchführung von längsdynamischen Fahrmanövern im geschleppten Fahrzeugzustand ermöglicht. In diesem Fall beschleunigen die Elektromotoren des HRW die Räder, ohne dass das Antriebssystem des Fahrzeugs genutzt wird. Soll jedoch durch das Antriebssystem angetrieben werden, so ist darauf zu achten, dass der Regler nicht gegen das Antriebssystem arbeitet. Dies kann trivialerweise z. B. dadurch gewährleistet werden, dass die virtuelle Stellgröße der Längskraft $F_{x,c}$ zu Null gesetzt wird.

6 Simulationsergebnisse

In diesem Kapitel werden die Simulationsergebnisse für den Vergleich der Fahrzeugdynamik auf dem Prüfstand bzw. der Dynamik des Hybrid-mechanischen Systems mit der Fahrzeugdynamik auf der Straße vorgestellt. Dabei werden sowohl das grundlegende Funktionsprinzip als auch das modulare, erweiterte Regelungskonzept mit den Reglern zur Kompensation der systemdynamischen Unterschiede analysiert. Im Rahmen dieser Arbeit ist es nicht möglich, sämtliche erarbeiteten Regler und wissenschaftlichen Erkenntnisse aufzuzeigen. Weil die systemdynamischen Unterschiede im Vordergrund stehen, werden in diesem Kapitel ausgewählte Beispiele und Erkenntnisse aus diesem Kontext verdeutlicht.

Zunächst werden die verwendete Simulationsumgebung sowie die vorliegenden Randbedingungen und die spezifischen Anwendungsfälle kurz beschrieben. Anschließend werden die Simulationsergebnisse und wissenschaftlichen Erkenntnisse präsentiert. Hierfür werden geeignete Fahrmanöver ausgewählt sowie fahrmanöverabhängige Bewertungskriterien für den Vergleich definiert. Auf diese Weise wird auch eine Quantifizierung der Übereinstimmung möglich.

In diesem Kapitel werden mehrere Ziele verfolgt. Zum einen sollen die Möglichkeiten der Simulation genutzt werden, um den Einfluss der systemdynamischen Unterschiede unter idealisierten Bedingungen isoliert aufzuzeigen. Ferner soll der Einfluss einer repräsentativen Aktuatordynamik veranschaulicht und diskutiert werden. Weil das tatsächliche, dynamische Übertragungsverhalten der Aktuatoren der Geheimhaltung unterliegt, wird hierzu ein vergleichbares Übertragungsverhalten angenommen. Zum anderen soll aufgezeigt werden, dass das entwickelte, erweiterte Regelungskonzept und die Reglerentwürfe des vorangehenden Kapitels theoretisch in der Lage sind, die systemdynamischen Unterschiede unter Berücksichtigung von Parameterunsicherheiten und unmodellierter Dynamik zu kompensieren.

6.1 Simulationsumgebung und gewählte Randbedingungen

Für die Simulationsanalyse werden nach Abschnitt 2.3 komplexe Mehrkörpersimulationsmodelle der dritten Kategorie und die darin beschriebene Simulationsumgebung genutzt. Diese Modellkategorie weist die höchste Realitätsnähe auf und beinhaltet automatisch unmodellierte Dynamiken im Vergleich zum Fahrzeugmodell für die Regelung aus Kapitel 4. Für den Vergleich der Fahrzeugdynamik auf der Straße und auf dem HRW wird das gleiche Fahrzeug-

© Springer Fachmedien Wiesbaden GmbH, ein Teil von Springer Nature 2020
A. Ahlert, *Ein modellbasiertes Regelungskonzept für einen Gesamtfahrzeug-Dynamikprüfstand*, Wissenschaftliche Reihe Fahrzeugtechnik Universität Stuttgart, https://doi.org/10.1007/978-3-658-30099-9_6

modell, eine Limousine der oberen Mittelklasse, verwendet. In Abbildung 6.1 ist das validierte Fahrzeugmodell auf dem HRW-Modell gezeigt. Wie erwähnt, werden das Fahrzeug- und das HRW-Modell idealisiert angenommen. Das heißt, dass z. B. ideale Sensoren verwendet werden sowie Vereinfachungen gemäß der MKS-Methode wie z. B. starre Körper mit konzentrierten Masseneigenschaften gelten.

Abbildung 6.1: Beispielhafte Veranschaulichung der MKS-Simulation für den Fall „Fahrzeug auf dem HRW"

Das CGR wird hier als masselos angenommen und durch ein ideales, sklerono-mes Gelenk mit drei Freiheitsgraden wie in [157] modelliert. Diese Verein-fachungen werden trotz der in Abschnitt 2.1.2 genannten Punkte bewusst einge-führt und haben zwei Gründe. Einerseits lässt sich dadurch die zu untersuchende Übereinstimmung aufgrund der systemdynamischen Unterschiede besser durch-führen und isoliert betrachten. Andererseits stellt MTS hierzu bereits Verfahren zur Kompensation der dazugehörigen Effekte zur Verfügung.

Das verwendete Reifenmodell basiert auf dem Magic-Formula-Reifemodell von Pacejka [109] und ist an die bewegliche Fahrbahn der Flachbandeinheiten ange-passt [148, 157]. Für die folgenden Analysen wird stets vorausgesetzt, dass der-selbe Reibwert für den Reifen-Fahrbahn-Kontakt auf der Straße wie auf dem HRW vorliegt und auch die Reifenparameter identisch sind. Die damit vernach-lässigten Einflüsse aus Abschnitt 2.1.2 werden ebenfalls aus den dort genannten Gründen ausgeklammert.

Der Einfluss der Aktuatordynamik soll in dieser Arbeit jedoch angedeutet und berücksichtigt werden. Deshalb werden nachfolgend die Simulationsergebnisse

des Hybrid-mechanischen Systems im Rahmen des grundlegenden Funktionsprinzips sowohl mit idealen Aktuatoren als auch unter Berücksichtigung einer
Aktuatordynamik gezeigt. Die anschließende Verifikation der Regler zur Kompensation der systemdynamischen Unterschiede aus Abschnitt 5.3 erfolgt ebenso
unter Berücksichtigung der Aktuatordynamik. Aus den auf S. 91 genannten
Gründen wird die Aktuatordynamik hier repräsentativ durch ein vereinfachtes,
lineares Modell angenähert. Hierfür wird das Aktuatorsystem durch eine empi-
rische Übertragungsfunktion modelliert. Das dynamische Verhalten wird dabei
so gewählt, dass es vergleichbar zur Dynamik der realen Aktuatoren im linearen
Betriebsbereich ist.

Nach [97, 127, 156] kann das Übertragungsverhalten von positions- oder kraft-
geregelten, hydraulischen Aktuatoren im linearen Bereich durch ein PT3-
Element abgebildet werden. Zusätzlich wird entsprechend erster praktischer
Analysen am HRW eine Totzeit berücksichtigt. Hierbei ist die Dynamik der
Vertikal-, Bandwinkel- und Kraftaktuatoren des CGR unterschiedlich gewählt.

Bei der Interpretation der Ergebnisse muss beachtet werden, dass die Aktuatorbeschränkungen bisher nicht explizit berücksichtigt werden. Für einen Einsatz
am realen Prüfstand ist deshalb erst nachzuweisen, dass die Grenzen der Aktuatorik eingehalten werden. Die in beispielsweise [3, 157] genannten Prüfstands-
spezifikationen werden zwar in den folgenden Simulationen eingehalten, aber die
Aktuatorbeanspruchungen hängen grundsätzlich vom verwendeten Fahrzeug und
z. B. seiner Masse ab. Bei der Verwendung eines schwereren Fahrzeugs ist die
Einhaltung der Beschränkungen momentan nicht gewährleistet.

Für die Verifikation der vorgestellten Regler werden nur die Funktionsbausteine
„Fahrzeugdynamikregelung", „Regelung des virtuellen Fahrzeugkörpers" und
„Referenzsystem" entsprechend Abbildung 5.5 verwendet. Als Regelstrecke
wird das beschriebene Fahrzeugmodell auf dem HRW aus Abbildung 6.1 genutzt. Als Referenzsystem wird dasselbe Fahrzeugmodell auf der Straße simu-
liert. Dabei handelt es sich um eine Offline-Vorgabe der Referenztrajektorien.
Der Fahrroboter wird hier als idealer Aktuator angesehen, der z. B. die Lenkrad-
winkelvorgaben des Referenzsystems perfekt umsetzt. Um die Einflüsse des
Antriebsstrangs und Bremsensystems zu vernachlässigen, werden Antriebs- und
Bremsmomentschnittstellen an den Rädern eingeführt. Mit Hilfe dieser Schnittstellen wird ein kennfeldbasierter PID-Regler genutzt [9], um die vorgegeben
Längsgeschwindigkeit des Fahrmanövers einzuregeln. Für die „Regelung des
virtuellen Fahrzeugkörpers" bedeutet dies, dass $F_{x,c}$ zu Null gesetzt werden
muss. Dies wird auch in Abschnitt 5.2.4 diskutiert.

Die modellbasierten Reglerentwürfe aus dem vorangehenden Kapitel basieren auf dem Fahrzeugmodell aus Kapitel 4. Dieses echtzeitfähige Fahrzeugmodell der zweiten Kategorie (gemäß Abschnitt 2.3) stellt eine Modellreduktion der Regelstreckenmodells aus Abbildung 6.1 dar. Damit gehen bereits unmodellierte dynamische Eigenschaften durch z. B. elastische Gelenke, zusätzliche Lenker sowie durch die Aktuatordynamik einher. Zusätzlich werden weitere Parameterunsicherheiten eingeführt, wie z. B. Fehler bei den Trägheitsmomenten, um die Robustheit der entwickelten Regler nachzuweisen. Diese Unsicherheiten sind im Anhang A5 kurz beschrieben.

6.2   Vergleich der Fahrzeugdynamik

In diesem Unterkapitel soll die Dynamik des Hybrid-mechanischen Systems mit der Fahrzeugdynamik auf der Straße für verschiedene Anwendungsfälle verglichen werden. Hierzu werden unterschiedliche open-loop Fahrmanöverszenarien untersucht. Closed-loop Fahrmanöver werden nicht näher betrachtet, um den Einfluss des Fahrers auszublenden. Es wird stets darauf geachtet, dass die Lenkradwinkelvorgabe für das Hybrid-mechanische System identisch zum Fahrzeug auf der Straße gewählt ist.

6.2.1   Untersuchungsgegenstände und Anwendungsfälle

Der Fokus der Simulationsanalysen wird zunächst auf die Querdynamik gelegt, weil diese sowohl ein Novum als auch die größte Herausforderung durch den HRW darstellt. Herfür werden standardisierte Fahrmanöver herangezogen und objektive Kriterien für die Bewertung der Übereinstimmung definiert. Hier werden die Manöver Lenkradwinkelsprung [105] und das Sine-with-Dwell-Manöver [139] gezeigt. Die Durchführung der Manöver wird an die dazugehörigen Normen angelehnt. Weitere Beschreibungen zu diesen Fahrmanövern sind in [26, 46, 86, 93, 101] gegeben, weshalb auf eine ausführlichere Beschreibung verzichtet wird.

Für jedes Kriterium wird der relative Fehlerbetrag zwischen dem Fall „Fahrzeug auf der Straße" und „Fahrzeug auf dem HRW" gebildet, um die Übereinstimmung zu quantifizieren. Dabei wird stets der Fall „Fahrzeug auf der Straße" als Bezugsgröße verwendet. Ein Beispiel hierzu ist auf S. 97 durch Gl. 6.1 gegeben. Um ein querdynamisches Fahrmanöver ganzheitlich zu bewerten, werden stets die folgenden vier Fahrzeuggrößen betrachtet: Gierrate, Querbeschleunigung, Wankwinkel und Schwimmwinkel. Mit Hilfe der objektiven Kriterien und dem relativen Fehlerbetrag werden Übereinstimmungstabellen für die jeweiligen Fahrmanöver erstellt. Zur Beurteilung, ob ein Fahrmanöver eine hohe Übereinstimmung (✓), eine annehmbare Übereinstimmung (O) oder eine geringe Übereinstimmung (✗) aufweist, werden in dieser Arbeit gleichgewichtete Mittelwerte der Kriterien gebildet. Klassiert wird die Bewertung wie folgt: Eine hohe Übereinstimmung ist gegeben, wenn der Mittelwert der relativen Fehlerbeträge kleiner als 5 % ist. Ist der Mittelwert zwischen 5 % und 10 %, so liegt eine annehmbare Übereinstimmung vor. Eine geringe Übereinstimmung ist folglich für Mittelwerte größer als 10 % definiert.

Weil mit dem HRW vor allem die ganzheitliche Fahrzeugdynamik untersucht werden soll, wird zusätzlich ein ausgewähltes Testszenario mit Fokus auf die Kopplung der Quer- und Vertikaldynamik gezeigt. Nach Nguyen [102] und Botev [15] stellt insbesondere die fahrbahninduzierte Gier-Wank-Kopplung ein aktuelles Forschungsfeld dar. Dementsprechend wird die Übereinstimmung bei einem generischen Fahrmanöverszenario „Schwellenüberfahrt in der Kurve" bei einer hohen Fahrzeuggeschwindigkeit betrachtet, wie es bereits in [157] diskutiert wird.

Die Simulationsergebnisse zu den ausgewählten Fahrmanövern werden schrittweise gezeigt und diskutiert. Für jedes Fahrmanöver erfolgt der Vergleich der Fahrzeugdynamik auf der Straße mit dem Hybrid-mechanischen System im Rahmen des grundlegenden Funktionsprinzips unter der Annahme idealer Aktuatoren. Dadurch kann aufgezeigt werden, wie groß die Abweichungen nur aufgrund der Fahrzeugfesselung sind. Hierbei wird das Hybrid-mechanische System auf zwei mögliche Arten realisiert. Einerseits wird die Kopplung zwischen dem Fahrzeug auf dem HRW und dem virtuellen Simulationskörper über die gemessenen Reaktionsgrößen im CGR gemäß Abschnitt 5.1 erzeugt. Andererseits wird die erwähnte Kopplung über die Reifenkräfte durchgeführt, weil sich hierdurch bereits ein Verbesserungspotenzial für das grundlegende Funktionsprinzip aufzeigt. An derselben Stelle wird dann auch der Einfluss der Aktuatordynamik angedeutet. Anschließend erfolgt für jedes Fahrmanöver die Darstellung der Ergebnisse unter Verwendung der entwickelten Regler zur Kompensation der systemdynamischen Unterschiede. Hierbei wird stets die Aktuatordynamik berücksichtigt.

Für die Vorstellung und Analyse der entwickelten Regler zur Kompensation der systemdynamischen Unterschiede muss an dieser Stelle weiter unterschieden werden. Hinsichtlich der Regelung des virtuellen Fahrzeugkörpers wird stets das Regelungsprinzip nach Abschnitt 5.3.6 verwendet.

Bei den Reglern zur Fahrzeugdynamikregelung werden die folgenden Fälle untersucht:

▪ Sliding Mode Regelung mit Boundary Layer und 3 Stellgrößen (SLM & BL 3) sowie 7 Stellgrößen (SLM & BL 7)

▪ Sliding-Mode-Regelung mit 3 Stellgrößen und der klassischen Schalt-funktion $sign(s)$ (SLM 3 - klassisch)

▪ Computed-Torque-Regelung mit 3 Stellgrößen (CT 3) sowie 7 Stellgrößen (CT 7)

Es werden nicht immer alle Regler für jedes Fahrmanöver gezeigt und diskutiert, um die Anschaulichkeit zu erhöhen und den Umfang zu verringern. Ferner hängt die Nutzung der Regler vom Anwendungsfall ab. Die wesentlichen wissenschaft-lichen Erkenntnisse können trotzdem transportiert werden. Für die Unterschei-dung in Bezug auf die Anzahl Stellgrößen wird zur Erinnerung auf Abschnitt 5.3.3 verwiesen. Zur Verdeutlichung der verwendeten Modelle im Rahmen des modularen, erweiterten Regelungskonzepts ist eine Visualisierung im Anhang durch Abbildung A.5 gegeben.

6.2.2   Lenkradwinkelsprung

Zuerst werden die Simulationsergebnisse und wissenschaftlichen Erkenntnisse für das Fahrmanöver „Lenkradwinkelsprung" vorgestellt. Das Fahrmanöver wird bei unterschiedlichen Längsgeschwindigkeiten (entsprechend Tabelle 6.2 auf S. 103) gefahren. Dabei wird der maximale Lenkradwinkel so gewählt, dass das Fahrzeug auf der Straße eine Querbeschleunigung von 4 m/s^2 erreicht. Der dazu-gehörige Lenkradwinkelgradient wird stets zu 200 °/s gewählt. Für eine quanti-tative Aussage zur Übereinstimmung werden für dieses Fahrmanöver die drei Kriterien Verzögerungszeit T_Z, der Maximalwert A_M und der stationäre Verstär-kungsfaktor A_S in Anlehnung an Decker [26] genutzt. Der Lenkradwinkelsprung beginnt in dieser Veranschaulichung zum Zeitpunkt $t = 0$. Mit Hilfe dieser Kri-terien wird nach Formel 6.1 der relative Fehlerbetrag in Prozent zwischen dem Hybrid-mechanischen System und dem Fahrzeug auf der Straße gebildet. Zur Veranschaulichung dieser Kriterien ist in Abbildung 6.2 eine beispielhafte, normierte Fahrzeugreaktionsgröße in Form einer Gierrate dargestellt.

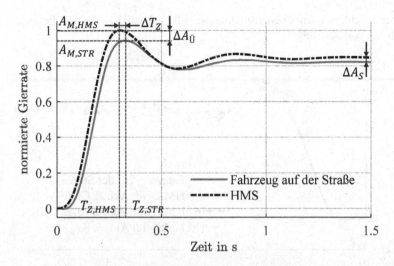

Abbildung 6.2: Veranschaulichung objektiver Kriterien (Verzögerungszeit T_Z, Maximalwert A_M, stat. Verstärkungsfaktor A_S), Hybrid-mechanisches System = HMS

Gl. 6.1 zeigt am Beispiel der Verzögerungszeit die Berechnung des dazugehörigen, relativen Fehlerbetrags e_T.

$$e_T = \frac{|T_{Z,HMS} - T_{Z,STR}|}{T_{Z,STR}} = \frac{|\Delta T_Z|}{T_{Z,STR}} \qquad \text{Gl. 6.1}$$

In den nachfolgenden Analysen werden nicht alle Fahrzeugreaktionsgrößen graphisch dargestellt, denn die grundsätzlichen Effekte sind für alle ähnlich. Es werden für jede Analyse aber eine reale Fahrzeuggröße des Fahrzeugs auf dem HRW (Wankwinkel) und eine virtuelle Größe des virtuellen Fahrzeugkörpers (Gierrate) gezeigt.

In Abbildung 6.3 sind beispielhaft die Gierrate und der Wankwinkel bei einer Fahrzeuggeschwindigkeit von 150 km/h dargestellt. Das Hybrid-mechanische System (HMS) wird dort im Rahmen des grundlegenden Funktionsprinzips mit den beiden Kopplungsarten über die summarischen Reaktionsgrößen im CGR und die Reifenkräfte unter Verwendung idealer Aktuatoren (HMS – id.Akt & CGR bzw. RK) mit dem Fahrzeug auf der Straße verglichen. Zusätzlich wird der Einfluss der Aktuatordynamik bei der CGR-Kopplung angedeutet (HMS - mit Akt.-Dyn.). Auf die Veranschaulichung der Reifenkraftkopplung mit der Aktuatordynamik wird verzichtet, weil die grundsätzlichen Effekte vergleichbar sind.

In der anschließenden Übereinstimmungstabelle 6.2 auf S. 103 wird dieser jedoch Fall berücksichtigt.

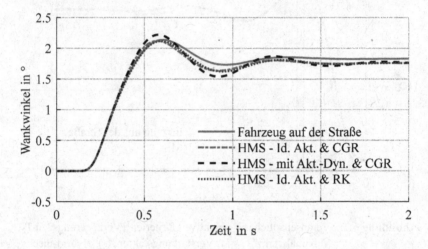

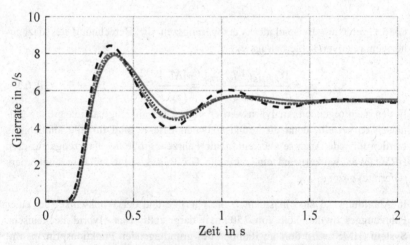

Abbildung 6.3: Wankwinkel und Gierrate, Lenkradwinkelsprung, konstante Längsgeschwindigkeit von 150 km/h, Verwendung des grundlegenden Funktionsprinzips des Hybrid-mechanischen Systems (HMS), Id. Akt. = ideale Aktuatoren, CGR = Kopplung über Reaktionskräfte im CGR, RK = Reifenkraftkopplung, Akt.-Dyn. = Berücksichtigung der Aktuatordynamik

Es ist ersichtlich, dass für ideale Aktuatoren eine gute Übereinstimmung zwischen den Fahrzeuggrößen auf der Straße und dem Hybrid-mechanischen System für beide Kopplungsarten gegeben ist. Eine grundsätzliche Erkenntnis ist, dass das Ansprechverhalten des Hybrid-mechanischen Systems mit CGR-Kopplung etwas schneller ist, als das beim Fahrzeug auf der Straße. Anders ausgedrückt, die Fahrzeuggrößen des Hybrid-mechanischen Systems mit CGR-Kopplung sind zeitlich vor dem Fahrzeug auf der Straße. Dies lässt sich durch die systemdynamischen Unterschiede und das Übertragungsverhalten der Kräfte von den Reifen bis zum CGR gemäß Abschnitt 2.1.2 erklären. Nach einer Lenkradwinkeleingabe auf der Straße wirken die resultierenden Reifenkräfte an der Vorderachse direkt auf das Fahrzeug und bewirken eine Gierbewegung. Gleichzeitig werden die Schräglaufwinkel an der Vorderachse durch die Gierbewegung reduziert. Im Gegensatz dazu werden die resultierenden Reifenkräfte auf dem HRW zuerst zeitlich verzögert in Form von Reaktionsgrößen im CGR gemessen. Anschließend erfolgt die Berechnung der Bewegung des virtuellen Fahrzeugkörpers. Erst danach werden die Aktuatoren des HRW basierend auf der virtuellen Bewegung angesteuert, was dann ebenfalls zu einer Reduktion der Schräglaufwinkel an der Vorderachse führt. Währenddessen werden die Reifen jedoch höheren Schräglaufwinkeln ausgesetzt, wodurch größere Reifenkräfte entstehen als im Vergleich zum Fahrzeug auf der Straße. Dies führt wiederum zu größeren Gierbeschleunigungen und einem Vorauseilen des Hybrid-mechanischen Systems bei der CGR-Kopplung. Dieser Effekt wird ausgeprägter, wenn zusätzlich die Aktuatordynamik berücksichtigt wird. Bei der Reifenkraftkopplung ist das Ansprechverhalten besser und die Signale des Fahrzeugs auf der Straße und des Hybrid-mechanischen Systems haben einen geringeren Zeitversatz.

In Bezug auf die Maximalwerte ist nicht eindeutig, welche Kopplungsart eine höhere Übereinstimmung zum Fahrzeug auf der Straße bietet. Die Übereinstimmung ist abhängig von der jeweiligen Fahrzeuggeschwindigkeit und Fahrzeuggröße. Bei einer Längsgeschwindigkeit von 200 km/h ist die Übereinstimmung des Maximalwerts der Gierrate bei der CGR-Kopplung besser als bei der Reifenkraftkopplung, während beim Wankwinkel die Reifenkraftkopplung besser ist. Für eine Längsgeschwindigkeit von z. B. 50 km/h ist bei allen Fahrzeuggrößen die Reifenkraftkopplung besser. Auffallend ist auch, dass das Hybrid-mechanische System in beiden Fällen etwas weniger bedämpft ist als das Fahrzeug auf der Straße. Dieser Effekt ist mit steigender Fahrzeuggeschwindigkeit stärker, während er für geringere Fahrzeuggeschwindigkeiten (z. B. 50 km/h) nicht so deutlich ist. Dies lässt sich durch folgenden Zusammenhang erklären: Der Reifen kann in Bezug auf die Reifenquerkraft im Reifenlatsch allgemein abstrahiert als Feder und Dämpfer betrachtet werden [92]. Der Anteil des Schräglaufwinkels

durch eine Verdrehung hat eine Federeigenschaft. Die reine Quergeschwindigkeit hat Dämpfungseigenschaften. Beim Fahrzeug auf dem HRW werden die
Reifenkräfte im Latsch bei transienten Vorgängen hauptsächlich durch eine
Verdrehung erzeugt. Infolgedessen steigt der Federanteil relativ zum Dämpferanteil bei dynamischen Manövern, wodurch das Fahrzeug in seiner Dynamik
weniger bedämpft ist. Darüber hinaus können diese Unterschiede gemäß Abschnitt 2.1.2 durch die unterschiedliche Wankachse oder die Relativbewegung
der Räder zu den Flachbändern begründet werden.

Die stationäre Abweichung des Hybrid-mechanischen Systems zum Fahrzeug
auf der Straße ist für beide Kopplungsarten identisch und für die untersuchten
Fahrzeuggrößen nahezu vernachlässigbar. Bei der Gierrate ist eine kaum wahr-
nehmbare stationäre Abweichung vorhanden. Beim Wankwinkel entsteht jedoch
ein Versatz. In Abbildung 6.3 ist auch ersichtlich, dass die Aktuatordynamik zu
einer Vergrößerung der Maximalwerte führt. Auch die Verzögerungszeit für die
Gierrate wird durch die Aktuatordynamik weiter verkürzt, während sie für den
Wankwinkel annähernd gleich bleibt. In Bezug auf die stationäre Abweichung
entstehen keine Veränderungen. Insgesamt sinkt jedoch die Übereinstimmung.
Die Ergebnisse machen deutlich, dass die Aktuatordynamik einen Einfluss auf
die Dynamik des Hybrid-mechanischen Systems hat und nicht vernachlässigbar
ist, obwohl das dynamische Verhalten der Aktuatoren deutlich schneller ist als
die hier betrachtete Fahrzeugquerdynamik. Dadurch zeigt sich ein Verbesserungspotential, um die Übereinstimmung zu erhöhen. Einerseits können
schnellere, z. B. elektrische Aktuatoren zu einer Erhöhung der Übereinstimmung
beitragen. Andererseits kann die Performance des bestehenden Aktuatorsystems
durch erweiterte Regelungsverfahren verbessert werden, was ausführlicher in
Kapitel 7 diskutiert wird.

Nun werden für dieses Fahrmanöver die Ergebnisse unter Verwendung des erweiterten Konzepts mit den entwickelten Reglern zur Kompensation der systemdynamischen Unterschiede dargestellt. Hierzu sind in Abbildung 6.4 dieselben
Reaktionsgrößen gezeigt. Die Gierrate sowie die anderen Größen des virtuellen
Fahrzeugkörpers lassen sich durch die Regelung des virtuellen Fahrzeugkörpers
identisch zum Fahrzeug auf der Straße abbilden. Deshalb liegen in diesem Fall
die Kurven der Gierraten übereinander. Allerdings kann es für gegebenen Anwendungsfall zu kleinen Unterschieden in der virtuellen Längsgeschwindigkeit
und somit dem Schwimmwinkel kommen, weil das Fahrzeug vom erwähnten
Längsgeschwindigkeitsregler durch das eigene Antriebssystem angetrieben und
nicht durch die Regelung des virtuellen Fahrzeugkörpers geschleppt wird.

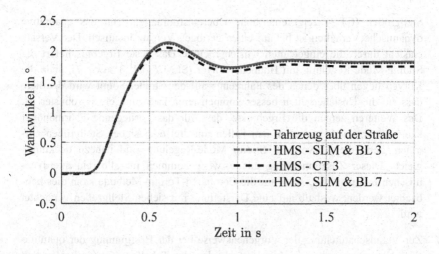

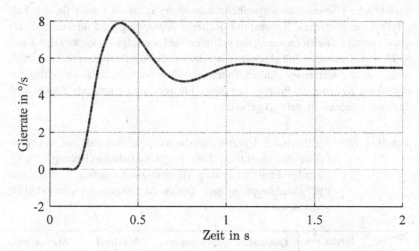

Abbildung 6.4: Wankwinkel und Gierrate, Lenkradwinkelsprung, konstante Längsgeschwindigkeit von 150 km/h, mit Reglern zur Komp. der systemdynamischen Unterschiede, SLM = Sliding-Mode-Regelung, BL = Boundary Layer, CT = Computed Torque

Grundsätzlich zeigt sich auch für die realen Größen des Fahrzeugs auf dem HRW, hier in Form des Wankwinkels, eine hohe Übereinstimmung. Es liegt also eine hohe Reglerperformance vor. Die Computed-Torque-Methode mit drei

Stellgrößen (CT 3) zeigt eine hohe Übereinstimmung, denn das qualitative dynamische Verhalten ist bis auf einen geringen Versatz identisch. Der Versatz entsteht durch die eingebauten Unsicherheiten. Das beste Ergebnis liefert die Sliding-Mode-Regelung mit Boundary Layer (SLM & BL 3 sowie 7), denn die Kurven liegen über denen des Fahrzeugs auf der Straße. Somit wird deutlich, dass sie die Unsicherheiten besser kompensieren kann und etwas robuster ist. Des Weiteren zeigen die Ergebnisse, dass für das vorliegende Fahrmanöver kaum Unterschiede zwischen den Fällen mit drei oder sieben Stellgrößen auftreten, denn die Kurven der Sliding-Mode-Regelung sind nahezu deckungsgleich. Dieser Zusammenhang gilt vorweggenommen für alle rein querdynamischen Fahrmanöver. Auch für die Computed-Torque-Methode kann dies beobachtet werden, weshalb auf eine Darstellung mit sieben Stellgrößen verzichtet wird.

Zur Veranschaulichung der Vorgehensweise bei der Bestimmung der quantitativen Übereinstimmung wird in der nachfolgenden Tabelle 6.1 exemplarisch eine ausführliche Übereinstimmungstabelle anhand der relativen Fehler für den Fall „Hybrid-mechanisches System mit Reifenkraftkopplung und idealen Aktuatoren" gezeigt. Die Berechnung der relativen Fehler erfolgt analog zu Gl. 6.1 auf S. 97, wobei stets der Fall „Fahrzeug auf der Straße" als Bezugsgröße verwendet wird. Für die vier ausgewählten Fahrzeuggrößen wird der relative Fehler der objektiven Kriterien in Prozent errechnet. Für jede sich ergebende Spalte wird dann der Kriterien-Mittelwert gebildet.

Tabelle 6.1: Ausführliche Übereinstimmungstabelle anhand der relativen Fehler der objektiven Kriterien, Lenkradwinkelsprung, grundlegendes Funktionsprinzip (Hybrid-mechanisches System) mit Reifenkraftkopplung und idealen Aktuatoren, Geschwindigkeit von 150 km/h

Kriterium / Größe	Qualitative Bewertung	Verzöger-ungszeit	Maximal-wert	Stationäre Abweichung
Gierrate	gut	2,01 %	1,30 %	1,92 %
Querbeschl.	gut	2,00 %	0,40 %	1,79 %
Wankwinkel	gut	1,97 %	0,95 %	1,79 %
Schwimmwinkel	gut	2,97 %	0,95 %	4,16 %
Kriterien-Mittelwert	-	2,13 %	1,47 %	3,40 %

Gesamtergebnis: 2,33 % relativer Fehler → Übereinstimmung: ✓

Das Gesamtergebnis für das Fahrmanöver und den Anwendungsfall ergibt sich schließlich anhand einer gleichgewichteten Mittelwertbildung der resultierenden Kriterien-Mittelwerte. In diesem Beispiel ergibt sich das Gesamtergebnis zu 2,33 %, was einer hohen Übereinstimmung entspricht. Je nach Untersuchungsgegenstand ist es in Zukunft jedoch denkbar, einzelne Kriterien oder Fahrzeuggrößen unterschiedlich zu gewichten. Die qualitative Bewertung der Größen dient nur zur Plausibilitätsprüfung der Simulationsergebnisse und hat keinen Einfluss auf das objektive Gesamtergebnis.

Entsprechend der gezeigten Vorgehensweise wird die Übereinstimmungstabelle 6.2 erstellt, die die Ergebnisse für das Fahrmanöver Lenkradwinkelsprung zusammenfasst. Es ist ersichtlich, dass für viele Fahrzeuggeschwindigkeiten schon beim grundlegenden Funktionsprinzip eine gute Übereinstimmung vorhanden ist. Ferner wird deutlich, dass das Hybrid-mechanische System mit einer Reifenkraftkopplung insgesamt besser abschneidet und vorteilhaft ist. Bei einer Berücksichtigung der Aktuatordynamik werden die Ergebnisse schlechter. Zudem zeigt sich, dass trotz der hohen Übereinstimmung ein Verbesserungspotenzial vorliegt. Dieses Potential wird durch das modulare, erweiterte Regelungskonzept und die entwickelten Regler nahezu ausgeschöpft. Weiterhin zeigen die Ergebnisse für den vorliegenden Anwendungsfall die Überlegenheit der Sliding-Mode-Regelung im Vergleich zur Computed-Torque-Methode.

Tabelle 6.2: Übereinstimmungstabelle anhand der relativen Fehler, Lenkradwinkelsprung; Angaben in %

Geschwindigkeit in km/h	200	150	100	50	30	Durchschnitt
CGR – id. Akt.	4,64 ✓	3,38 ✓	2,95 ✓	0,76 ✓	0,83 ✓	2,51 ✓
RK – id. Akt.	3,55 ✓	2,21 ✓	1,28 ✓	0,56 ✓	0,30 ✓	1,58 ✓
CGR – mit Akt.-Dyn.	5,28 O	5,33 O	5,96 O	1,46 ✓	0,83 ✓	3,77 ✓
RK – mit Akt.-Dyn.	4,61 ✓	4,03 ✓	4,41 ✓	1,34 ✓	0,63 ✓	3,00 ✓
SLM & BL 3	0,31 ✓	0,23 ✓	0,43 ✓	0,23 ✓	0,10 ✓	0,26 ✓
CT 3	1,07 ✓	0,95 ✓	0,49 ✓	0,79 ✓	0,36 ✓	0,73 ✓
SLM & BL 7	0,39 ✓	0,31 ✓	0,49 ✓	0,31 ✓	0,22 ✓	0,34 ✓

6.2.3   Sine-with-Dwell

Als nächstes soll in vergleichbarer Weise zum Lenkradwinkelsprung das nach [139] standardisierte Fahrmanöver Sine-with-Dwell (deutsch: Sinus mit Haltezeit) vorgestellt werden. Der dazugehörige, charakteristische Verlauf der Lenkradwinkelanregung ist in Abbildung 6.5, obere Darstellung, gezeigt. Dieses Manöver wird zum Beispiel zur Analyse und Applikation von ESP-Funktionen genutzt [28, 139]. Es ist für den HRW besonders interessant, da die Analyse und Applikation von Fahrdynamik- und Fahrerassistenzsystemen einen relevanten Anwendungsfall darstellt. Aufgrund der hohen Reproduzierbarkeit und den Laborbedingungen ist die Nutzung des HRW für solche Aufgabenstellungen im Vergleich zum Fahrversuch auf der Straße vorteilhaft [3, 4, 100, 157].

Bei der folgenden Simulationsanalyse wird der Lenkradwinkel so gewählt, dass hohe Querbeschleunigungen bis zu ca. 1 g entstehen und das Fahrzeug ein nichtlineares Fahrverhalten aufweist. Bei der gewählten Fahrzeuggeschwindigkeit nach [28] von 80 km/h entspricht dies hier einer Lenkradwinkelamplitude von 116°. Zur Objektivierung der Übereinstimmung werden in dieser Arbeit fünf Kriterien betrachtet. In Abbildung 6.5 sind diese Kriterien anschaulich anhand eines normierten Gierratenverlaufs dargestellt. ΔA_1 und ΔT_1 charakterisieren die Unterschiede zwischen dem Fahrzeug auf der Straße und dem Hybrid-mechanischen System (HMS) in der Amplitude und Phase bei einer sinusförmigen Lenkradanregung. ΔA_2 und ΔT_2 beschreiben die Unterschiede des entstehenden Extremwerts beim Gegenlenken. Das fünfte Kriterium ΔA_3 ist angelehnt an [28, 139] und quantifiziert die Abweichung zum Zeitpunkt T_0, wenn das Lenkrad wieder in der Mittellage ist.

Erneut werden nachfolgend zuerst in Abbildung 6.6 die Ergebnisverläufe der Gierrate und des Wankwinkels im Rahmen des grundlegenden Funktionsprinzips gezeigt. Insgesamt zeigt sich für dieses Fahrmanöver bereits im Rahmen des grundlegenden Funktionsprinzips eine hohe Übereinstimmung. Auch die Berücksichtigung der Aktuatordynamik hat keinen so starken negativen Effekt wie beim Lenkradwinkelsprung.

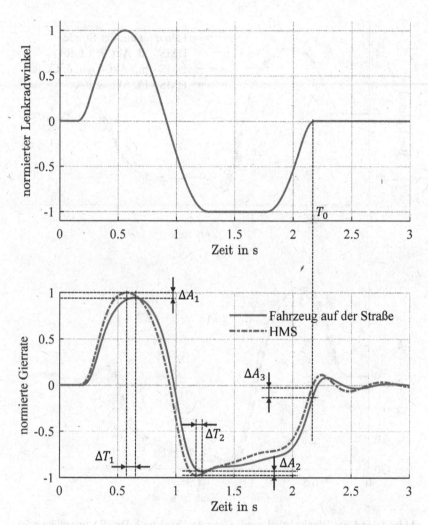

Abbildung 6.5: Veranschaulichung objektiver Kriterien des Sine-with-Dwell Fahrmanövers, Darstellung der normierten Lenkradwinkeleingabe und einer normierten Fahrzeugreaktionsgröße

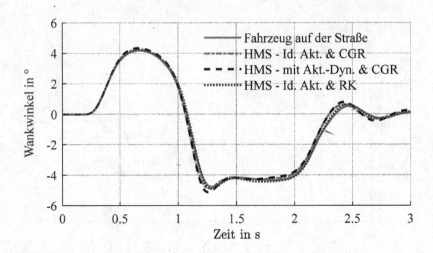

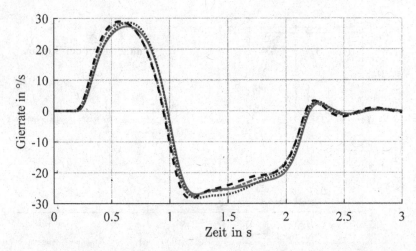

Abbildung 6.6: Wankwinkel und Gierrate, Sine-with-Dwell, grundlegendes Funktionsprinzips des Hybrid-mechanischen Systems (HMS), Id. Akt. = ideale Aktuatoren, CGR = Kopplung über Reaktionskräfte im CGR, RK = Reifenkraftkopplung, Akt.-Dyn. = Berücksichtigung der Aktuatordynamik

Der Wankwinkel stimmt für alle Anwendungsfälle gut überein. Bei der Gierrate sind deutlichere Abweichungen vorhanden, wobei erneut Effekte wie das Vorauseilen bei der CGR-Kopplung beobachtbar sind. Besonders hervorzuheben ist, dass die Verläufe selbst im Intervall zwischen ca. ein und zwei Sekunden vergleichbar sind. Dieses Intervall ist durch signifikante Nichtlinearitäten geprägt. Die dazugehörige Übereinstimmungstabelle 6.3 wird analog zur Vorgehensweise beim Lenkradwinkelsprung für die definierten Kriterien aus Abbildung 6.5 erstellt. Auf eine ausführliche Darstellung der Übereinstimmungstabelle mit allen Einzelkriterien wie in Tabelle 6.1 wird verzichtet. Es zeigt sich, dass die Übereinstimmung für dieses Grenzbereichsmanöver nicht immer gegeben ist. Der Grund hierfür liegt insbesondere in den Schwimmwinkelverläufen, die in Abbildung 6.7 gezeigt sind. Die Längsgeschwindigkeit ist für alle Fälle nahezu identisch. Die Abweichungen entstehen hauptsächlich durch die unterschiedlichen Fahrzeugquergeschwindigkeiten.

Tabelle 6.3: Übereinstimmungstabelle anhand der relativen Fehler, Sine-with-Dwell; grundsätzliches Funktionsprinzip des Hybrid-mechanischen Systems, Angaben in %

Anwendungsfall	CGR – id. Akt.	RK – id. Akt.	CGR – mit Akt.-Dyn.	RK – mit Akt.-Dyn..
Übereinstimmung in %	7,51 O	4,31 ✓	10,68 ✗	8,33 O

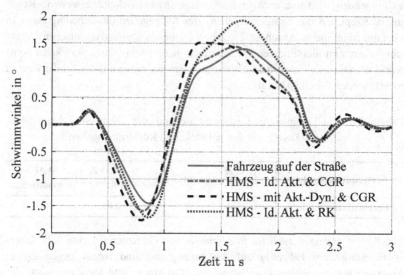

Abbildung 6.7: Vergleich der Schwimmwinkelverläufe beim Sine-with-Dwell

Dieser Zusammenhang kann durch den im vorherigen Abschnitt diskutierten, fehlenden Dämpferanteil des Reifens erklärt werden. Das Sine-with-Dwell-Fahrmanöver führt durch das Festhalten des Lenkrads beim Gegenlenken zu einem erhöhten Schwimmwinkelaufbau. Infolgedessen wird eine hohe Quergeschwindigkeit herbeigeführt. Dies führt zu einem verstärkten Dämpferanteil in Bezug auf die Reifenquerkraft durch ein seitliches Wegbewegen der Reifen. Auf dem HRW werden die Reifenquerschlüpfe jedoch hauptsächlich durch eine Verdrehung der Flachbandeinheiten erzeugt und nicht durch ein seitliches Wegbewegen. Der damit einhergehende Dämpfungseffekt fällt dadurch geringer aus als auf der Straße, was sich bei diesem Fahrmanöver durch einen größeren Schwimmwinkel widerspiegelt. In Kombination mit der Wahl von großen Lenkradwinkelamplituden, die zu einer hohen Querbeschleunigung führen, werden zudem komplexe Koppeleffekte und Nichtlinearitäten in der Fahrzeugdynamik hervorgerufen. Es muss beachtet werden, dass es sich hierbei um ein Fahrmanöver im Grenzbereich handelt. Die Übereinstimmung des Hybrid-mechanischen Systems im Rahmen des grundlegenden Funktionsprinzips steigt mit geringeren Lenkradwinkelamplituden und somit geringeren Fahrzeugquerbeschleunigungen wieder an. Im linearen Reifenbetriebsbereich ist für dieses Fahrmanöver eine hohe Übereinstimmung gegeben, weshalb auf eine explizite Darstellung der Ergebnisse verzichtet wird.

Im Folgenden wird nun nachgewiesen, dass das entwickelte, erweiterte Regelungskonzept und die dazugehörigen Regler für gegebene Randbedingungen in der Lage sind, die in Abschnitt 2.1.2 beschriebenen systemdynamischen Unterschiede auch im nichtlinearen Grenzbereich theoretisch nahezu perfekt zu kompensieren. Die objektive Übereinstimmung zum Fahrzeug auf der Straße wird in nachstehender Tabelle gezeigt.

Tabelle 6.4:   Übereinstimmungstabelle anhand der relativen Fehler, Sine-with-Dwell; mit den entwickelten Reglern, Angaben in %

Verwendeter Regler	SLM & BL 3	CT 3.	SLM & BL 7	SLM 3 - klassisch..
Übereinstimmung in %	0,23 ✓	0,65 ✓	0,63 ✓	0,21 ✓

Alle Regler erzeugen auch im fahrdynamischen Grenzbereich eine hohe Übereinstimmung zum Fahrzeug auf der Straße und sind robust gegen die in Abschnitt 6.1 genannten Unsicherheiten. Wie zuvor sind die Ergebnisse der Sliding-Mode-Regelung (SLM & BL 3 sowie 7) etwas besser als die der

Computed-Torque-Methode (CT 3). Gleichzeitig zeigt sich, dass für dieses Fahrmanöver die Verwendung von sieben Stellgrößen (SLM & BL 7) nachteilig ist.
Die Darstellung der dazugehörigen Verläufe ist in Abbildung 6.8. gegeben. Auf
eine separate Visualisierung der Schwimmwinkelverläufe wird verzichtet, da sie
für den geregelten Fall nahezu übereinander liegen.

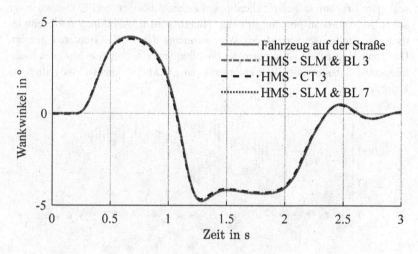

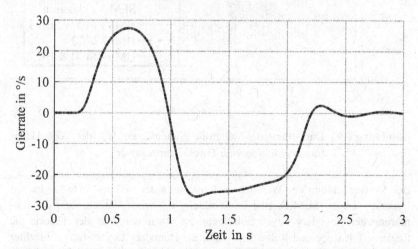

Abbildung 6.8: Wankwinkel und Gierrate, Sine-with-Dwell; Regler zur Komp.
                    der systemdynamischen Unterschiede, SLM = Sliding-Mode-
                    Regelung, BL = Boundary Layer, CT = Computed Torque

Neu in der Tabelle 6.4 ist der Fall „SLM 3 – klassisch", bei dem die ideale
Schaltfunktion bei der Sliding-Mode-Regelung mit drei Stellgrößen aus Gl. 5.40
genutzt wird. Auf eine Darstellung der Ergebnisse in obiger Abbildung wird
verzichtet, da die Kurven übereinander liegen. Dieser Regler wird hier einmal
exemplarisch gezeigt, um darzustellen, dass dieses Regelungsverfahren zwar
sehr gute Ergebnisse liefert, allerdings die dazugehörigen Stellgrößen zu einer
hohen Aktuatorbeanspruchung führen. Hierzu wird in Abbildung 6.9 exemplarisch der Stellgrößenverlauf des Wankmoments der CGR-Aktuatoren gezeigt.
Der Chattering-Effekt ist in Form der hochfrequenten Oszillation bzw. des hochfrequenten Schaltens des Wankmoments bei „SLM 3 – klassisch" deutlich erkennbar.

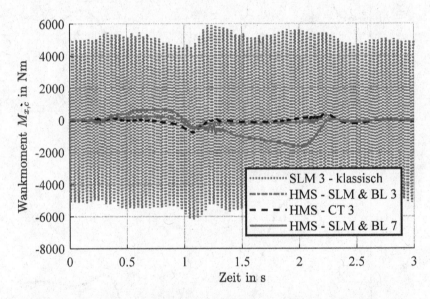

Abbildung 6.9: Darstellung der Stellgröße Wankmoment $M_{x,c}$ der CGR-Aktuatoren beim Sine-with-Dwell-Fahrmanöver

Bei der Betrachtung des Wankmomentenverlaufs der Sliding-Mode-Regler mit
Boundary Layer (SLM & BL) in Abbildung 6.9 wird deutlich, dass die Einführung der Boundary Layer zielführend ist. Zwar wird aus der Theorie die
Reglerperformance und Robustheit durch die Boundary Layer etwas schlechter
[81, 133], jedoch befinden sich die Aktuatoren in besseren Betriebsbereichen.
Die Aktuatorbeanspruchung ist deutlich geringer, weil kein Chattering mehr auftritt. In der Praxis wird hierdurch auch der Verschleiß verringert. Darüber hinaus

ist unklar, ob mit den vorliegenden realen Aktuatoren die Nutzung der klassischen Sliding-Mode-Regelung mit idealer Schaltfunktion umsetzbar ist. Beispielsweise reicht die Performance der Aktuatoren nicht aus, um die geforderten Stellgrößen für obiges Beispiel zu ermöglichen und gleichzeitig die Aktuatorbeschränkungen einzuhalten. Aus diesen Gründen ist für den vorliegenden Kontext bei der Nutzung der Sliding-Mode-Regelung stets eine Boundary Layer zu empfehlen. Bei den anderen Fahrmanövern wird von einer Betrachtung der klassischen Sliding-Mode-Regelung abgesehen.

Die Stellgrößenverläufe der drei relevanten Regler befinden sich in einem annehmbaren Bereich und die Aktuatorbeschränkungen werden eingehalten, obwohl es sich um ein hochdynamisches Manöver im Fahrzeuggrenzbereich handelt. In Abbildung 6.9 ist auch erkennbar, dass der Fall „SLM & BL 7" die größte Stellgrößenbeanspruchung hat, weil dieser auch die Radträgereinfederung regelt. Dadurch kann es vorkommen, dass das Wankmoment zusätzlich erhöht werden muss, wenn die Vertikalaktuatoren die Radträgereinfederung beeinflussen und ebenfalls ein Wank- und Nickmoment durch die Radaufhängung aufprägen.

6.2.4 Schwellenüberfahrt in der Kurve

Als letztes Fahrmanöver wird eine Schwellenüberfahrt in der Kurve simuliert und die Übereinstimmung zur Fahrzeugdynamik auf der Straße diskutiert. Dieses Fahrmanöver fokussiert sich hauptsächlich auf die Kopplung der Quer- und Vertikaldynamik des Fahrzeugs. Dabei wird unter anderem die Gier-Wank-Kopplung in der folgenden Analyse betrachtet, weil sie nach [15, 102] ein aktuelles Forschungsfeld darstellt. Durch die entstehende Nickbewegung des Fahrzeugs wird aber auch die Längsdynamik adressiert. Es handelt sich somit um ein Fahrmanöver zur Untersuchung der ganzheitlichen 3D-Fahrzeugdynamik. In [157] oder [44] wird beschrieben, dass Schwellenüberfahrten sowie Bodenwellen bei hohen Geschwindigkeiten einen bedeutenden Einfluss auf die Fahrzeugstabilität, den Fahrkomfort und das Sicherheitsgefühl des Fahrers haben können. Jedoch können solche Fahrmanöverszenarien aufgrund der geringen Reproduzierbarkeit nur eingeschränkt im praktischen Fahrversuch auf der Straße erprobt werden. Mit dem HRW ist dies aufgrund der Laborbedingungen jedoch effizient möglich.

Das Fahrmanöver wird bereits in [157] vorgestellt und näher erläutert, weshalb das Szenario hier nur kurz erklärt wird. Das Fahrzeug fährt in einer Autobahnkurve mit 120 km/h und erreicht eine Querbeschleunigung von 6 m/s^2.

Währenddessen überfährt es eine ideal querstehende, sinusförmige und lang-
wellige Bodenwelle.

Wie bisher werden zunächst die Ergebnisse des grundlegenden Funktionsprinzips mit der Fahrzeugdynamik auf der Straße verglichen und diskutiert.
Anschließend erfolgt die Diskussion der Ergebnisse mit dem modularen, erweiterten Regelungskonzept und den entwickelten Reglern zur Kompensation der
systemdynamischen Unterschiede. Auf eine Definition von objektiven Kriterien
sowie die Erzeugung von Übereinstimmungstabellen wird für dieses Manöver
aus Umfangs- und Komplexitätsgründen verzichtet. Dies ist Teil weiterer For-
schungsprojekte, in denen Methoden zur Bewertung der ganzheitlichen Fahrzeugdynamik entwickelt werden sollen [99, 100, 157]. Stattdessen wird versucht,
anhand von grafischen Ergebnisverläufen die wesentlichen Erkenntnisse aufzuzeigen.

Da es sich in diesem Fall um eine komplexe, ganzheitliche Fahrzeugbewegung
handelt, werden nachfolgend neben dem Wankwinkel und der Gierrate in Abbildung 6.10 auch die Radträgereinfederungen am vorderen rechten (FR) und
hinteren rechten Rad (RR) in Abbildung 6.11 gezeigt. Der Nickwinkelverlauf
und die Aufbaubewegung in vertikaler Richtung sind im Anhang A3 (Abbildung
A.6) dargestellt. Beim Fahrzeug auf der Straße und beim Hybrid-mechanischen
System (HMS) wird exakt dieselbe Fahrbahnanregung genutzt. Beim Wankwinkel und der Gierrate sind nennenswerte Abweichungen zum Fahrzeug auf der
Straße zu sehen. Die Aktuatordynamik (Akt.-Dyn.) vergrößert wie zuvor die
Unterschiede im Vergleich zu idealen Aktuatoren (id. Akt.). Bei den Radträgereinfederungen, dem Nickwinkelverlauf sowie der Aufbaubewegung in vertikaler
Richtung sind die Unterschiede nicht so deutlich. Hierbei tritt ein vernach-
lässigbarer Unterschied unter Berücksichtigung der Aktuatordynamik auf. Ferner
zeigen alle Verläufe, bis auf einen nahezu konstanten Versatz, einen qualitativ
vergleichbaren Verlauf zum Fahrzeug auf der Straße. Nur der Nickwinkel in
Abbildung A.6 zeigt zwischen 1 s und 2 s Unterschiede im dynamischen Verhalten. Dies lässt sich analog zur Diskussion zum unterschiedlichen Wankpol
(bzw. Wankachse) in Abschnitt 2.1.2 durch einen unterschiedlichen Nickpol
(bzw. Nickachse) erklären. Grundsätzlich ist bei allen Ergebnisverläufen auch zu
sehen, dass es bei diesem Szenario kaum einen Unterschied zwischen der Art der
Kopplung (Kopplung über die summarischen Reaktionsgrößen im CGR oder
Reifenkraftkopplung RK) gibt.

Alles in allem besteht für diesen Anwendungsfall in Bezug auf die Längs- und
Vertikaldynamik (anhand des Nickwinkelverlaufs, der vertikalen Aufbaubewe-

gung und den Radträgereinfederungen) eine hohe Übereinstimmung. Allerdings sind die Gier- und Wankbewegung und damit der Einfluss der Querdynamik auf die ganzheitliche Fahrzeugbewegung weiter optimierbar.

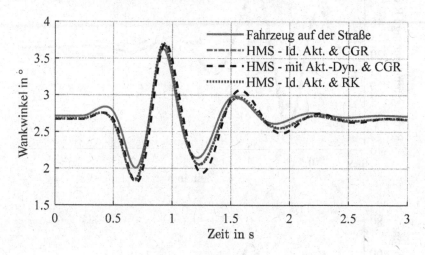

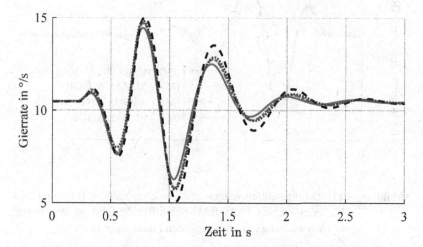

Abbildung 6.10: Wankwinkel und Gierrate, Schwellenüberfahrt in der Kurve, grundlegendes Funktionsprinzips des Hybrid-mechanischen Systems (HMS), Id. Akt. = ideale Aktuatoren, CGR = Kopplung über Reaktionskräfte im CGR, RK = Reifenkraftkopplung, Akt.-Dyn. = Berücksichtigung der Aktuatordynamik

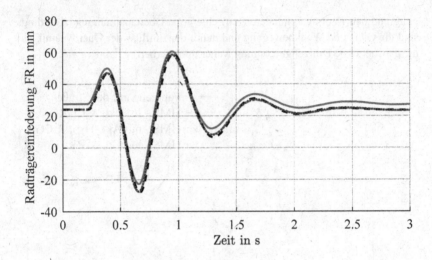

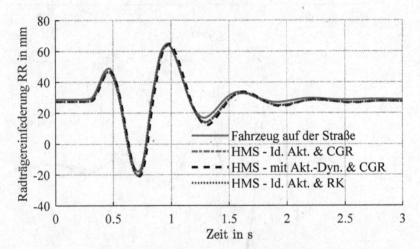

Abbildung 6.11: Radträgereinfederungen am vorderen rechten (FR) und hinteren rechten (RR) Rad, Schwellenüberfahrt in der Kurve, Verwendung des grundlegenden Funktionsprinzips

Um die Simulationsanalyse abzuschließen werden nun die Simulationsergebnisse für den geregelten Fall unter Verwendung der entwickelten Regler diskutiert. An dieser Stelle muss zwischen zwei Anwendungsfällen unterschieden werden. Im ersten Fall wird angenommen, dass die Fahrbahnanregung nicht bekannt ist. Dies ist z. B. bei der Reproduktion von realen Fahrversuchen auf der Straße der Fall, bei denen nur die resultierenden Fahrzeuggrößen gemessen werden können. Das heißt, dass die Fahrzeugdynamikregelung mit sieben Stellgrößen genutzt werden muss, um die vertikale Positionierung der Flachbandeinheiten und damit ein fahrbahninduzierte Anregung zu realisieren. Hierfür wird die Sliding-Mode-Regelung mit Boundary Layer (SLM & BL 7) sowie die Computed-Torque-Methode (CT 7) genutzt.

Im zweiten Fall wird vorausgesetzt, dass die Fahrbahnanregung bekannt ist. Für diesen Fall kann die Fahrzeugdynamikregelung mit drei Stellgrößen zur Regelung der Aufbaufreiheitsgrade realisiert werden. Die fahrbahninduzierte Anregung erfolgt durch eine Steuerung der Flachbandeinheiten unabhängig von der Fahrzeugdynamikregelung. Dies wird aus Gründen der Übersichtlichkeit nur für den Fall mit Sliding-Mode-Regelung gezeigt (SLM & BL 3 + FB). Die Regelung des virtuellen Fahrzeugkörpers wird in beiden Fällen verwendet. Wie immer wird die Aktuatordynamik bei den Simulationsanalysen mit den entwickelten Reglern berücksichtigt.

In Abbildung 6.12 ist zu sehen, dass die Gierrate erneut fast perfekt und der Wankwinkel nahezu ideal mit der Fahrzeugdynamik auf der Straße für alle Regler übereinstimmen. Auch die Regelung des Nickwinkels und der Bewegung des Fahrzeugschwerpunkts in vertikaler Richtung im Anhang A3 (Abbildung A.7) erzielt eine hohe Übereinstimmung zum Fahrzeug auf der Straße. Im Vergleich zum grundlegenden Funktionsprinzip ist unter anderem der Versatz der Verläufe des Nickwinkels und der vertikalen Aufbauposition nahezu vollständig kompensiert. Damit kann festgehalten werden, dass die Regelung der Aufbaufreiheitsgrade des Fahrzeugs eine hohe Regelgüte aufweist und robust gegenüber Modellungenauigkeiten wie unmodellierter Dynamik und Parameterunsicherheiten ist.

Bei den Ergebnissen in Bezug auf die Radträgereinfederungen ist jedoch eine ausführlichere Diskussion der Ergebnisse aus Abbildung 6.13 notwendig. Für den Fall einer unbekannten Fahrbahnanregung zeigen die entwickelten Regler mit sieben Stellgrößen in Bezug auf die Radträgereinfederungen nur ein bedingt zufriedenstellendes Ergebnis. Insbesondere bei den ersten beiden Schwingungen für $0{,}3\,s \le t \le 0{,}7\,s$ erzielen die Regler keine gute Reglerperformance und können dem Fahrzeug auf der Straße nur hinreichend folgen. Die Schwingungs-form danach ist deutlich besser und für $t \geq 1\,s$ nahezu deckungsgleich.

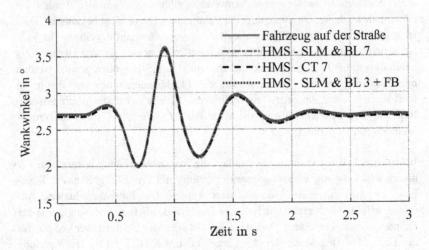

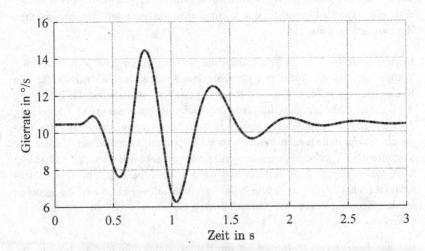

Abbildung 6.12: Wankwinkel und Gierrate, Schwellenüberfahrt in der Kurve, Regler zur Komp. der systemdynamischen Unterschiede, SLM = Sliding-Mode-Regelung, BL = Boundary Layer, CT = Computed Torque, FB = bekannte Fahrbahn

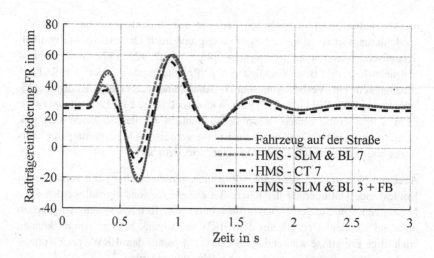

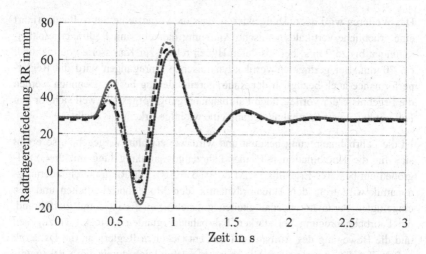

Abbildung 6.13: Radträgereinfederungen am vorderen rechten (FR) und hinteren rechten (RR) Rad, Schwellenüberfahrt in der Kurve, mit Reglern zur Komp. der systemdynamischen Unterschiede

Daraus lässt sich folgern, dass die Regelung der Dynamik der Radträgereinfederungsbewegung in Zukunft durch z. B. eine verbesserte Modellierung der Reifen in vertikaler Richtung im Reglerentwurf optimiert werden kann. Das bisherige Modell bildet den Reifen in vertikaler Richtung durch eine lineare Feder mit konstanter Federrate zwischen Radnabe und Reifenkontaktpunkt ab. Diese Modellierungsart ist in der Literatur gängig und auch für vereinfachte vertikal-dynamische Anwendungen verwendbar [45, 93, 109, 123, 147]. Gleichwohl ist beispielsweise die Berücksichtigung der Reifendämpfung oder der Radlast-abhängigkeit ein Verbesserungspunkt. Auch eine verbesserte Kontaktpunkt-berechnung nach Rill [114, 115] oder Wiesebrock [148, 149] kann zu einer wei-teren Verbesserung führen, wenn sie in Echtzeit für den Reglerentwurf um-gesetzt werden kann. Darüber hinaus ist eine verbesserte Modellierung der Fahr-werks-Kraftelemente wie Feder, Domlager, etc. denkbar.

Auch die Nutzung von prädiktiven Regelungsverfahren könnte im vorliegenden Kontext eine Optimierung darstellen. Bei diesem Anwendungsfall werden reale Messungen von Straßenfahrten offline durch das Referenzsystem vorgegeben und sind vor dem Versuch auf dem HRW im Voraus bekannt. Damit können zukünftige Ereignisse während eines Fahrversuchs auf dem HRW durch Voraus-schau im Rahmen prädiktiver Regler berücksichtigt werden.

Des Weiteren wird darauf hingewiesen, dass die vorgestellte Schwellenüberfahrt eine erhebliche vertikaldynamische Anregung darstellt, mit Radträgerbeschleu-nigungen bis zu 9 m/s^2 bei absoluten Hüben relativ zur Karosserie von maximal ca. 70 mm. Bei geringeren vertikaldynamischen Anregungen wird die Regler-performance auch bezüglich der Radträgereinfederung besser. Dennoch werden die Ergebnisse der vorliegenden Fahrbahnanregung vorgestellt, weil sich für den Fall mit bekannter Fahrbahnanregung eine wichtige Erkenntnis ergibt.

Ist die Fahrbahnanregung bekannt und wird wie erwähnt vorgegeben, so ergibt sich für die Kombination mit einer Fahrzeugdynamikregelung mit drei Stell-größen ein besseres Ergebnis (SLM & BL 3 + FB). Die Radträgereinfederungs-dynamik wird trotz der Aktuatordynamik, den Modellunsicherheiten und den eingefügten Parameterungenauigkeiten gut getroffen. Es ist somit zielführend, die Fahrbahnanregung bei starken Fahrbahnanregungen gesteuert vorzugeben und die Bewegung des Aufbaus mit den entwickelten Reglern an die Dynamik auf der Straße anzugleichen. Gleichzeitig eröffnet sich durch diese Erkenntnis ein weiterer Anwendungsfall.

Theoretisch ist es für solche Anwendungsfälle denkbar, die entwickelten Methoden des modularen, erweiterten Regelungskonzepts mit dem in Abschnitt 5.2.4 erwähnten RPC-Prozesses von MTS zu kombinieren. Mit Hilfe von RPC können die Radträgereinfederung durch einen Iterationsprozess umgesetzt wer-den. In Kombination mit den Funktionsbausteinen „Fahrzeugdynamikregelung" mit drei Stellgrößen und der „Regelung des virtuellen Fahrzeugkörpers" können die restlichen Größen des Hybrid-mechanischen Systems wie bisher geregelt werden. Damit ergibt sich bereits ohne eine verbesserte Modellierung oder prädiktive Regelungsverfahren die Möglichkeit, reale Messdaten von Fahrmanövern auf der Straße mit signifikanten Fahrbahnanregungen auf dem HRW zu reproduzieren.

Alles in allem wird hierdurch gezeigt, dass der Fahrzeugdynamikprüfstand auch für Untersuchungen zur ganzheitlichen 3D-Fahrzeugdynamik genutzt werden kann. Das vertikaldynamische Verhalten zeigt im Rahmen des grundlegenden Funktionsprinzips eine hohe Übereinstimmung zur Dynamik auf der Straße. Das querdynamische Verhalten ist auch vergleichbar, lässt sich jedoch durch die im Rahmen dieser Arbeit vorgestellten Methoden und Verfahren weiter verbessern.

6.3 Weitere Untersuchungen

Neben den im Rahmen dieser Arbeit vorgestellten und diskutierten Untersuchungen werden während der Forschungstätigkeit weitere Fahrmanöver und Szenarien betrachtet. Um den Umfang einzuschränken, kann eine ausführliche Beschreibung der Ergebnisse jedoch nicht erfolgen. Einige relevante Szenarien sollen an dieser Stelle zur Vollständigkeit trotzdem kurz erwähnt werden.

Neben dem gezeigten, klassischen Lenkradwinkelsprung im linearen Betriebsbereich des Reifens werden auch Simulationen mit Lenkradwinkelsprüngen bis in den nichtlinearen Betriebsbereich durchgeführt. Bei diesen wird eine Fahrzeugquerbeschleunigung von ca. 0,9 g erreicht. Eine beispielhafte Darstellung der Ergebnisgrößen im Rahmen des grundlegenden Funktionsprinzips ist im Anhang (Abbildung A.8) gezeigt. Bei diesem Fahrmanöver wird die geringere Dämpfung des Hybrid-mechanischen Systems noch deutlicher, was zudem mit leichten Unterschieden in den Eigenkreisfrequenzen des Systems einhergeht. Auch die Verzögerungszeiten und Maximalwerte unterscheiden sich deutlicher. Aufgrund der verstärkten Wirkung der Nichtlinearitäten nimmt der relative Fehler der stationären Verstärkungsfaktoren aller Reaktionsgrößen zu. Im Gegensatz zu Abschnitt 6.2.2 kommt es dabei zu Unterschieden zwischen den Kopplungsarten. Insgesamt zeigt sich, dass die Übereinstimmung zum Fahrzeug auf der Straße schlechter wird. Die Einbindung der Aktuatordynamik hat in diesem Fall keinen so deutlichen Einfluss auf die objektive Übereinstimmung. Bei der Betrachtung der Gierrate ist der Einfluss dennoch nennenswert. Werden die Regler zur Kompensation der systemdynamischen Unterschiede verwendet, so ist stets eine hohe Übereinstimmung zum Fahrzeug auf der Straße mit einem relativen Fehler unter 1 % gegeben.

Ein weiterer Betrachtungsgegenstand zur Charakterisierung der Querdynamik im linearen Betriebsbereich ist die Darstellung des Übertragungsverhaltens der in Abschnitt 6.2 genannten Fahrzeuggrößen als Reaktion auf eine Lenkradwinkeleingabe bei konstanter Fahrzeuggeschwindigkeit [109]. Hierfür wird das Manöver Sinuslenken mit steigender Frequenz von 0 Hz bis 5 Hz simuliert. Die Lenkradwinkelamplitude wird so gewählt, dass für das Fahrzeug auf der Straße im quasistationären Betriebsbereich eine Querbeschleunigung von 4 m/s^2 erreicht. Auch hierzu wird eine beispielhafte Darstellung der Ergebnisse inklusive einer kurzen Analyse und Darstellung der Übereinstimmung im Anhang A3 gegeben. In vergleichbarer Weise wie oben werden zur Bewertung des Übertragungsverhaltens objektive Kriterien wie maximale Resonanzüberhöhung, Eigenkreisfrequenz, etc. betrachtet. Außerdem wird der relative Fehler für diskrete Frequenzen zwischen 0 und 5 Hz in Abständen von 0,5 Hz verwendet. Auf diese Weise entsteht eine Übereinstimmungstabelle (siehe beispielhaft Tabelle A.1), die zusätzlich zur Fahrzeuggeschwindigkeit auch die Frequenzabhängigkeit verdeutlicht. Dabei tritt ein komplexer Zusammenhang hinsichtlich der Übereinstimmung auf. Die wesentlichen Erkenntnisse sollen nachfolgend kurz zusammengefasst werden.

Es liegt eine hohe oder annehmbare Übereinstimmung für Lenkradwinkelfrequenzen bis 1 Hz über einen weiten Fahrzeuggeschwindigkeitsbereich vor. Je höher die Lenkradwinkelfrequenz, desto geringer die Übereinstimmung. Für geringe Lenkradwinkelfrequenzen hat insbesondere die Amplitudenverstärkung einen dominanten Einfluss auf die Übereinstimmung, während bei höheren Frequenzen der Einfluss der Phasenverschiebung überwiegt (siehe z. B. Abbildung A.9). Die Übereinstimmung zum Fahrzeug auf der Straße nimmt mit steigender Fahrzeuggeschwindigkeit zu. Bei sehr hohen Fahrzeuggeschwindigkeiten (200 km/h) nimmt die Übereinstimmung allerdings wieder ab. Die Unterschiede bzgl. der Kopplungsart im Rahmen des grundlegenden Funktionsprinzips werden noch deutlicher, wobei die Reifenkraftkopplung insgesamt über einen weiteren Betriebsbereich eine höhere Übereinstimmung liefert. Der Einfluss der Aktuatordynamik im Vergleich zu idealen Aktuatoren (Abbildung A.9) führt insbesondere im Bereich der Giereigenfrequenz zu nennenswerten Unterschieden zur Fahrzeugdynamik auf der Straße. Der Einfluss wird hin zu höheren Lenkradwinkelfrequenzen allerdings wieder geringer.

Es kann nachgewiesen werden, dass die entwickelten Regler zur Kompensation der systemdynamischen Unterschiede theoretisch in der Lage sind, z. B. die Wankdynamik über den relevanten querdynamischen Frequenzbereich in nahezu idealer Weise abzubilden. Dies ist exemplarisch anhand von Abbildung A.11

ersichtlich, wobei die in Abschnitt 6.1 genannte Aktuatordynamik sowie weitere Unsicherheiten berücksichtigt werden. Sowohl die Amplitudenverstärkung als auch die Phasenverschiebung sind beinahe deckungsgleich zum Fahrzeug auf der Straße, wobei erneut die Sliding-Mode-Regelung am besten ist.

Simulationen zur Kopplung zwischen Längs- und Querdynamik werden z. B. in Form des Manövers „Bremsen in der Kurve" nach [106] durchgeführt. Es ergibt sich stets eine hohe Übereinstimmung, selbst wenn nur das grundlegende Funktionsprinzip verwendet wird. Folglich ist für dieses Fahrmanöver keine erweiterte Regelung notwendig. Darüber hinaus werden weitere Untersuchung zur Kopplung zwischen Quer- und Vertikaldynamik durchgeführt. Hierzu werden hochfrequente, stochastische Fahrbahnanregung nach [62] und in Anlehnung an die ISO 8608 [50] während einer Kurvenfahrt aufgeprägt. Solche Anregungen werden z. B. zur Komfortbewertung in [49] genutzt. Zur Untersuchung der dazugehörigen Dynamik werden nach aktuellem Stand der Technik [49] spektrale Leistungsdichten der Beschleunigungen gebildet. Hierfür werden unter anderem die Vertikal-, Wank- und Nickbeschleunigung des Fahrzeugs sowie die vertikale Beschleunigungen der Radträger betrachtet. Wie bei der Schwellenüberfahrt in der Kurve ist eine hohe Übereinstimmung bei bekannter Fahrbahn gegeben. Wird nur das grundsätzliche Funktionsprinzip verwendet, dann sind geringe Unterschiede bei den querdynamischen Fahrzeugreaktionsgrößen vorhanden. Die reine Vertikaldynamik war nahezu identisch zur Straße. Auch der Einfluss der Aktuatordynamik der vertikalen Flachbandaktuatoren war für Frequenzen bis 30 Hz in Bezug auf die Vertikaldynamik nahezu vernachlässigbar.

In Anlehnung zu Abschnitt 6.2.4 muss hierbei zwischen einer bekannten und unbekannten Fahrbahn unterschieden werden. Bei unbekannter Fahrbahnanregung kann unter Verwendung des modularen, erweiterten Regelungskonzepts im relevanten Frequenzbereich für alle Größen eine hohe Übereinstimmung zur Straße erzielt werden, wenn ideale Aktuatoren angenommen werden. Wird hingegen die Aktuatordynamik berücksichtigt, so ergeben sich für Frequenzen ab 15 Hz nennenswerte Unterschiede im Vergleich zum Fahrzeug auf der Straße. Das beste Ergebnis wird, ähnlich zur Schwellenüberfahrt, bei einer bekannten Fahrbahn in Kombination mit den Reglern zur Kompensation der systemdynamischen Unterschiede mit drei Stellgrößen erreicht.

7 Schlussfolgerung und Ausblick

Im Rahmen der vorliegenden Arbeit wurde die Übereinstimmung zwischen der Fahrzeugdynamik auf dem HRW und auf der Straße ausführlich simulativ analysiert und ein modulares, erweitertes Regelungskonzept entwickelt, das die Übereinstimmung der Fahrzeugdynamik signifikant zu erhöhen vermag.

Hierfür wurden eine detaillierte Simulationsumgebung aufgebaut sowie erstmals ausführliche Simulationsanalysen zur Übereinstimmung mit komplexen Mehrkörpermodellen durchgeführt. Der Fokus lag hier auf den systemdynamischen Unterschieden, die z. B. aufgrund der Fesselung des Fahrzeugs auf dem HRW entstehen. Diese Unterschiede haben den größten Einfluss auf die Übereinstimmung zur Fahrzeugdynamik auf der Straße. Andere Einflüsse, wie Unterschiede im Reifen-Fahrbahn-Kontakt, wurden in dieser Arbeit nicht näher betrachtet. Der Schwerpunkt der Simulationsanalysen lag auf zwei Untersuchungsgegenständen. Der erste Untersuchungsgegenstand waren Analysen zur Übereinstimmung im Rahmen des grundlegenden Funktionsprinzips nach bisherigem Stand der Technik. Der zweite Untersuchungsgegenstand der Simulationsanalysen war die Verifikation der in Abschnitt 5.3 entwickelten Regler zur Kompensation der systemdynamischen Unterschiede zwischen der Fahrzeugdynamik auf dem HRW und auf der Straße.

Die Übereinstimmung bei der Nutzung des grundlegenden Funktionsprinzips konnte unter den idealisierten Bedingungen der Simulation bestätigt werden. Daraus geht auch hervor, dass die Abbildung der Querdynamik eine Schlüsselrolle zur weiteren Erhöhung der Übereinstimmung spielt, während die Längs- sowie Vertikaldynamik bereits eine nahezu optimale Übereinstimmung aufweisen. Die Analysen zeigen ferner, dass auch in der Realität mit signifikanten Einflüssen durch die vorhandenen Nichtlinearitäten sowie Kopplungseffekte der ganzheitlichen Fahrzeugbewegung zu rechnen ist. Ferner konnte ein komplexer Zusammenhang bzgl. der Übereinstimmung zur Straße in Abhängigkeit des gewählten Fahrmanövers, der Fahrzeuggeschwindigkeit, dem Reifenbetriebsbereich, etc. aufgezeigt werden. Darüber hinaus wurde gezeigt, dass durch die Nutzung der Reifenkräfte statt der Reaktionsgrößen im CGR bereits im Rahmen des grundlegenden Funktionsprinzips eine höhere Übereinstimmung zur Fahrzeugdynamik auf der Straße erzielt werden kann. Insbesondere bei der Berücksichtigung der Dynamik der Aktuatoren des HRW in der Simulation ergaben sich jedoch Verbesserungspotentiale. Um die Übereinstimmung weiter zu erhöhen, wurde das modulare, erweiterte Regelungskonzept entwickelt.

© Springer Fachmedien Wiesbaden GmbH, ein Teil von Springer Nature 2020
A. Ahlert, *Ein modellbasiertes Regelungskonzept für einen Gesamtfahrzeug-Dynamikprüfstand*, Wissenschaftliche Reihe Fahrzeugtechnik Universität Stuttgart, https://doi.org/10.1007/978-3-658-30099-9_7

Aufgrund der hohen Systemkomplexität und der damit einhergehenden Regelungsaufgabe war es notwendig, die Modellierung und den Reglerentwurf ganzheitlich zu betrachteten. Um das gewünschte Ziel einer hohen Übereinstimmung
über weite Betriebsbereiche für die ganzheitliche Fahrzeugdynamik zu erreichen,
wurde das grundlegende Funktionsprinzip unter anderem um das Konzept der
Trajektorienfolgeregelung erweitert. Das entstandene modulare, erweiterte Regelungskonzept ermöglicht es theoretisch, sämtliche Prüfstandsrestriktionen zu
berücksichtigen und im Rahmen der physikalischen Grenzen zu kompensieren.
Innerhalb der vorliegenden Arbeit ist es aber nicht möglich, alle dazugehörigen
Funktionsbausteine detailliert aufzuzeigen. Daher wurden nur die Regler zur
Kompensation der systemdynamischen Unterschiede vorgestellt, die die Methoden der nichtlinearen, modellbasierten Mehrgrößenregelung nutzen. Hierfür wurde ein echtzeitfähiges Fahrzeugmodell der Special-Purpose-Toolklasse inklusive
eines Prozesses zur automatisierten Herleitung der dazugehörigen Bewegungsgleichungen entwickelt. Basierend auf diesem Modell wurden mehrere Regler
hergeleitet. Hierbei wurde auf etablierte Verfahren aus der Robotik in Form der
Computed-Torque-Methode sowie die Sliding-Mode-Regelung zurückgegriffen.

Es konnte simulativ nachgewiesen werden, dass die entwickelten Regler trotz
unmodellierter Dynamik sowie vorliegender Parameterunsicherheiten in der
Lage sind, die systemdynamischen Unterschiede für die ganzheitliche 3D-Fahr-
zeugdynamik nahezu vollständig zu kompensieren. In Bezug auf die Querdynamik gilt dies z. B. sowohl für den linearen Betriebs- als auch für den nichtlinearen Grenzbereich, wobei objektive Übereinstimmungswerte von über 99 %
erzielt wurden. Darüber hinaus wurde im Rahmen dieser Arbeit eine hohe Übereinstimmung bei der gekoppelten Quer- und Vertikaldynamik nachgewiesen. Die
Sliding-Mode-Regelung erzielte bei allen Versuchen bessere Resultate im Vergleich zur Computed-Torque-Methode.

Insgesamt leistet die vorliegende Arbeit einen wichtigen Beitrag zum erweiterten
Verständnisgewinn in Bezug auf die Übereinstimmung zwischen der Fahrzeugdynamik auf dem HRW und auf der Straße sowie zur Weiterentwicklung des
HRW in Form des modularen, erweiterten Regelungskonzepts zur weiteren Erhöhung der Übereinstimmung. Durch das Konzept wird zudem eine gänzlich
neue Methodik zur Nutzung des HRW durch das Konzept der Trajektorienfolgeregelung ermöglicht. Dadurch werden ein Fundament für zukünftige Entwi-
cklungsaufgaben gelegt sowie neue Forschungsfelder mit dem HRW erschlossen. Das modulare, erweiterte Regelungskonzept und die entwickelten
Regler zeigen das Potenzial, auch bei der Anwendung am realen HRW eine hohe
Übereinstimmung zum Fahrversuch auf der Straße zu gewährleisten. Folglich
lassen sie sich auch für eine praktische Umsetzung empfehlen.

Das im Rahmen dieser Arbeit entwickelte Fahrzeugmodell kann nicht nur für den Reglerentwurf im Rahmen der HRW-Anwendung genutzt werden, sondern eröffnet ein breites Anwendungsspektrum. Es kann unter anderem zur klassischen Simulation der Fahrzeugdynamik auf der Straße und somit auch im Stuttgarter Fahrsimulator genutzt werden. Darüber hinaus ist die Verwendung dieses Modells, z. B. im Rahmen von integrierten Fahrdynamikregelsystemen oder für Funktionen des autonomen Fahrens, denkbar. Damit wird neben der Regelung des HRW auch ein Beitrag zur Verbesserung der Simulationsmethodik geleistet und es werden neue Anwendungsfelder mit Modellen der Special-Purpose-Toolklasse erschlossen.

Die konkrete Umsetzung einzelner Teilaspekte des erweiterten Konzepts sowie der hier vorgestellten Regler am realen HRW ist ein wesentlicher nächster Schritt zukünftiger Forschungsarbeiten. Ein Ziel ist es, die hier erarbeiteten Erkenntnisse und entwickelten Regler auch durch praktische Versuche am realen HRW zu validieren. Neben der notwendigen Erweiterung des Messkonzepts, unter anderem in Form von Messfelgen, ist hierzu auch die Ausarbeitung von Identifikationsmethoden mit dem HRW zielführend. Dies ist beispielsweise zur Parametrierung des entwickelten Fahrzeugmodells für den Reglerentwurf notwendig, wenn für das zu untersuchende Fahrzeug kein ausreichend detailliertes Simulationsmodell vorliegt. Des Weiteren ist es denkbar, weitere Regelungsverfahren zur Fahrzeugdynamikregelung zu nutzen. Beispielsweise können Sliding-Mode-Regelungsverfahren höherer Ordnung [7, 126], die Nonsingular fast terminal Sliding-Mode-Regelung [96, 155] oder adaptive Regelungsverfahren [67, 98] genutzt werden. Die Methoden der Sliding-Mode-Regelung lassen sich zudem mit adaptiven Verfahren kombinieren [132, 133].

Prinzipbedingte Unterschiede, beispielsweise durch den Reifen-Flachband-Kontakt, werden in der Realität immer einen begrenzenden Faktor für die Übereinstimmung zwischen Straßen- und Prüfstandsmessungen darstellen. Der Einfluss des Reifen-Flachband-Kontakts wurde in dieser Arbeit bewusst vernachlässigt. In der Praxis muss dessen Einfluss allerdings näher untersucht werden. Betrachtet man das Übertragungsverhalten einer Reifenquerkraft als Reaktion auf eine Lenkradwinkeleingabe (Anhang A3, Abbildung A.12), so wird deutlich, dass durch die Funktionsbausteine „Regelung des virtuellen Fahrzeugkörpers" und die „Coherent Road" nicht sichergestellt wird, dass die Reifen über den betrachteten Frequenzbereich dieselbe Reaktion wie auf der Straße zeigen. Im modularen, erweiterten Regelungskonzept sind diese Unterschiede durch den Funktionsbaustein „Reifenkraftregler" bereits berücksichtigt. Die dazugehörigen, ersten Entwicklungsstufen zur Reifenkraftregelung sind bereits theoretisch in der Lage, die Unterschiede im Reifenverhalten zu kompensieren. Sie sollten aber am realen HRW unter vereinfachten Bedingungen erprobt werden, bevor sie für ganzheitliche Fahrmanöver genutzt werden. Die Regelungsalgorithmen beruhen auf einem modellbasierten Reglerentwurf unter Verwendung des Magic Formula- [109] oder TMEasy- [114, 115] Reifenmodells und verwenden eine Zwei-Freiheitsgrade-Regelungsstruktur. Durch diese Regler können die Reifenquerkräfte über weite Frequenzbereiche mit denen auf der Straße zur Deckung gebracht werden. Auch im nichtlinearen Reifenbetriebsbereich können die Reifenkraftregler aufgrund des modellbasierten, nichtlinearen Reglerentwurfs verwendet werden. Erste Ausarbeitungsstufen sind in [70] zu finden. Dort wird auch gezeigt, dass z. B. unterschiedliche Reibwerte zwischen der Straßenfahrbahn und den Flachbandeinheiten mit Hilfe der Reifenkraftregelung innerhalb der physikalischen Grenzen kompensiert werden können.

Abschließend ergibt sich bei der Betrachtung der unterlagerten Regelung des Aktuatorsystems nach Abbildung 2.5 ein weiteres Verbesserungspotential. Die unterlagerte Regelung der Aktuatoren beruht momentan im Wesentlichen auf einer Ein-Ausgangsregelung mit PID-Reglern. Die unterlagerte Regelung kann beispielsweise durch Vorsteuerungsalgorithmen erweitert werden. Dadurch kann die Reaktion des Aktuatorsystems auf Sollwertänderungen (also die Aktuatordynamik) beschleunigt werden, ohne die Robustheit des Systems negativ zu beeinflussen [9, 85]. Der bekannte Zielkonflikt zwischen Sollwertverhalten und Störgrößenunterdrückung bei einer reinen rückführungsbasierten Regelung ohne Vorsteuerung wird demzufolge umgangen [9, 38, 85]. Des Weiteren kann der Einfluss der Aktuatordynamik z. B. durch die Einbindung modellbasierter Reglerentwürfe, Methoden der Zustandsregelung und prädiktiver sowie nichtlinearer Regelungsverfahren weiter verringert werden. Mögliche Verfahren sind z. B. Modellinversion [9, 61], Internal Model Control [25, 38, 85], Smith-Prädiktoren [85, 107] oder prädiktive Regelungsverfahren wie Dynamic Matrix Control [29, 79, 107]. Erste simulationsbasierte Untersuchungen und Reglerentwürfe hierzu wurden bereits durchgeführt und in [71, 156] beschrieben. Vor allem die Nutzung von modellprädiktiven Verfahren für die Regelung zeigt ein hervorzuhebendes Verbesserungspotenzial [71]. Dies ist damit begründet, dass der Einfluss der Totzeit im Aktuatorsystem verringert werden kann [10]. Durch die verbesserte Regelung des Aktuatorsystems kommt das Gesamtsystemverhalten näher an die Ergebnisse mit idealen Aktuatoren heran. Damit gehen direkt eine höhere Übereinstimmung zur Fahrzeugdynamik auf der Straße und eine verbesserte Störgrößenausregelung auf dem HRW einher.

Literaturverzeichnis

1. Adamski D. Simulation in der Fahrwerktechnik. Wiesbaden: Springer Vieweg; 2014.
2. Adamy J. Nichtlineare Systeme und Regelungen. 2nd ed. Berlin: Springer Vieweg; 2014.
3. Ahlert A, Neubeck J, Krantz W, Wagner A. Ganzheitliche Fahrzeugdynamik unter Laborbedingungen. ATZ extra -Automotive Engineering Partners. 2019.
4. Ahlert A, Zeitvogel D, Neubeck J, Krantz W, Wiedemann J, Boone F, Orange R. Next generation 3D vehicle dynamics test system – Software and control concept. In: Bargende M, Reuss H-C, Wiedemann J, editors. 18. Internationales Stuttgarter Symposium: Automobil- und Motorentechnik. Wiesbaden: Springer Fachmedien Wiesbaden; 2018. p. 23–38.
5. Amelunxen H. Fahrdynamikmodelle für Echtzeitsimulationen im komfortrelevanten Frequenzbereich [Dissertation]. Paderborn: Universität Paderborn; 2013.
6. Ammon D. Modellbildung und Systementwicklung in der Fahrzeugdynamik. Stuttgart: B.G. Teubner; 1997.
7. Amodeo M, Ferrara A, Terzaghi R, Vecchio C. Wheel Slip Control via Second-Order Sliding-Mode Generation. IEEE Transactions on Intelligent Transportation Systems. 2010;11:122–31.
8. Arnold M. Simulation Algorithms in Vehicle System Dynamics: Simulation Algorithms and Software Tools [Technical Report]: Martin-Luther-University Halle; 2004.
9. Åström KJ, Hägglund T. Advanced PID control. Research Triangle Park, NC: ISA - The Instrumentation Systems and Automation Society; 2006.
10. Baran EA, Sabanovic A. Predictive Input Delay Compensation for Motion Control Systems. In: 12th IEEE International Workshop on Advanced Motion Control (AMC), 2012: 25 - 27 March 2012, Sarajevo, Bosnia and Herzegovina. Piscataway, NJ: IEEE; 2012.
11. Baumann G. Werkzeuggestützte Echtzeit-Fahrsimulation mit Einbindung vernetzter Elektronik. [Dissertation], Universität Stuttgart. Renningen: Expert-Verlag; 2004.
12. Bhoopalam AK, Kefauver K. Using Surface Texture Parameters to Relate Flat Belt Laboratory Traction Data to the Road. SAE International 2015.
13. Blundell M, Harty D. The Multibody systems approach to vehicle dynamics. Amsterdam: Elsevier Butterworth-Heinemann; 2004.

© Springer Fachmedien Wiesbaden GmbH, ein Teil von Springer Nature 2020
A. Ahlert, *Ein modellbasiertes Regelungskonzept für einen Gesamtfahrzeug-Dynamikprüfstand*, Wissenschaftliche Reihe Fahrzeugtechnik Universität Stuttgart, https://doi.org/10.1007/978-3-658-30099-9

14. Boone F, Neubeck J. Advanced development with the Flat-Trac Handling Roadway. MTS Lab Expert Seminar, Dresden; 2017.

15. Botev S. Digitale Gesamtfahrzeugabstimmung für Ride und Handling. [Dissertation], Technische Universität Berlin. Düsseldorf: VDI-Verlag; 2008.

16. Braess H-H, Seiffert U, editors. Vieweg Handbuch Kraftfahrzeugtechnik. 7th ed. Wiesbaden: Springer Vieweg; 2013.

17. Breuer S, Rohrbach-Kerl A. Fahrzeugdynamik: Mechanik des bewegten Fahrzeugs. Wiesbaden: Springer Vieweg; 2015.

18. Brockhaus R, Alles W, Luckner R. Flugregelung. 3rd ed. Dordrecht: Springer-Verlag; 2011.

19. Bungartz H-J, Zimmer S, Buchholz M, Pflüger D. Modellbildung und Simulation: Eine anwendungsorientierte Einführung. 2nd ed. Berlin, Heidelberg: Springer Spektrum; 2013.

20. Burgermeister B, Arnold M, Esterl B. DAE time integration for real-time applications in multi-body dynamics. ZAMM-Journal of Applied Mathematics and Mechanics/Zeitschrift für Angewandte Mathematik und Mechanik. 2006;86:759–71.

21. Cheli F, Braghin F, Brusarosco M, Mancosu F, Sabbioni E. Design and testing of an innovative measurement device for tyre-road contact forces. Mechanical Systems and Signal Processing. 2011;25:1956–72.

22. Chen W, Xiao H, Zhao L, Zhu M, Wang Q. Integrated vehicle dynamics and control. Singapore, Hoboken, New Jersey: John Wiley & Sons Singapore Pte. Ltd; 2016.

23. Crolla DA, Cao D. The impact of hybrid and electric powertrains on vehicle dynamics, control systems and energy regeneration. Vehicle System Dynamics. 2012;50:95–109.

24. Cuadrado J, Cardenal J, Bayo E. Modeling and Solution Methods for Efficient Real-Time Simulation of Multibody Dynamics. Multibody System Dynamics. 1997;1:259–80.

25. Daniel E. Rivera, Manfred Morari, and Sigurd Skogestad. Internal model control: PID controller design. Industrial & engineering chemistry process design and development. 1986;25:252–65.

26. Decker M. Zur Beurteilung der Querdynamik von Personenkraftwagen [Dissertation]. München: Technische Universität München; 2009.

27. Deuschl M. Gestaltung eines Prüffelds für die Fahrwerksentwicklung unter Berücksichtigung der virtuellen Produktentwicklung [Dissertation]. München: Technische Universität München; 2006.

28. Diermeyer F. Methode zur Abstimmung von Fahrdynamikregelsystemen hinsichtlich Überschlagsicherheit und Agilität [Dissertation]. München: Technische Universität München; 2008.

29. Dittmar R, Pfeiffer B-M. Modellbasierte prädiktive Regelung in der industriellen Praxis (Industrial Application of Model Predictive Control). at – Automatisierungstechnik. 2006;54:93.

30. Eigel T. Integrierte Längs- und Querführung von Personenkraftwagen mittels Sliding-Mode-Regelung [Dissertation]. Braunschweig: Technische Universität Carolo-Wilhemina zu Braunschweig; 2010.

31. Elbers C. Mathematische Abbildung von Kinematik und Elastokinematik aus Prüfstandsmessung zur Fahrdynamiksimulation. [Dissertation], RWTH Aachen. Aachen: Forschungsgesellschaft Kraftfahrwesen; 2002.

32. Featherstone R. Rigid Body Dynamics Algorithms. New York: Springer Science+Business Media; 2008.

33. Forschungsinstitut für Kraftfahrwesen und Fahrzeugmotoren (FKFS), Fotograf: Wittke (Bildquelle). Stuttgarter Fahrzeugdynamikprüfstand / Stuttgart Handling Roadway. 2019.

34. Fridrich A, Krantz W, Neubeck J, Wiedemann J. Innovative torque vectoring control concept to generate predefined lateral driving characteristics. In: Bargende M, Reuss H-C, Wiedemann J, editors. 18. Internationales Stuttgarter Symposium: Automobil- und Motorentechnik. Wiesbaden: Springer Fachmedien Wiesbaden; 2018. p. 377–394.

35. Fuchshumer S, Schlacher-Ove K, Rittenschober T. Ein Beitrag zur nichtlinearen Fahrdynamikregelung, die differentielle Flachheit des Einspurmodells. Elektrotechnik und Informationstechnik e&i. 2005;122. Jahrgang:319–24.

36. García de Jalón J, Bayo E. Kinematic and Dynamic Simulation of Multibody Systems: The Real-Time Challenge. Berlin, Heidelberg, New York: Springer-Verlag; 1994.

37. Geering HP. Regelungstechnik: Mathematische Grundlagen, Entwurfsmethoden, Beispiele. Berlin, Heidelberg: Springer-Verlag; 2001.

38. Goodwin GC. A Brief Overview of Nonlinear Control. In: The 3rd International Conference on Control Theory and Application; 2001.

39. Goodwin GC, Graebe SF, Salgado ME. Control System Design. Upper Saddle River, NJ: Prentice Hall; 2000.

40. Graf M. Methode zur Erstellung und Absicherung einer modellbasierten Sollvorgae für Fahrdynamikregelsysteme [Dissertation]. München: Technische Universität München; 2014.

41. Haken K-L. Grundlagen der Kraftfahrzeugtechnik. 3rd ed. München: Carl Hanser Verlag; 2011.

42. Halfmann C, Holzmann H. Adaptive Modelle für die Kraftfahrzeug-dynamik. Berlin, Heidelberg: Springer-Verlag; 2003.

43. Härkegård O. Backstepping and control allocation with applications to flight control. [Dissertation], Linköping University. Linköping: UniTryck; 2003.

44. Heiderich M, Friedrich T, Nguyen M-T. New approach for improvement of vehicle performance by using a simulation-based optimization and eval-uation method. In: Pfeffer PE, editor. 7th International Munich Chassis Symposium 2016: Chassis.tech plus. Wiesbaden, s.l.: Springer Fachmedien Wiesbaden; 2016.

45. Heimann P. Ein Beitrag zur Modellierung des Reifenverhaltens bei geringen Geschwindigkeiten. Wiesbaden: [Dissertation], Universität Stuttgart. Sprin-ger Fachmedien Wiesbaden; 2017.

46. Heißing B, Ersoy M, Gies S, editors. Fahrwerkhandbuch. 4th ed. Wies-baden: Springer Vieweg; 2013.

47. Henze R. Prüfstandsausstattung und Experimentelle Forschung am Nieder-sächsischen Forschungszentrum Fahrzeugtechnik (NFF). Test Facility Forum, Frankenthal; 2010.

48. Hung JY, Gao W, Hung JC. Variable structure control: a survey. IEEE Transactions on Industrial Electronics. 1993;40:2–22.

49. Iliev V. Systemansatz zur anregungsunabhängigen Charakterisierung des Schwingungskomforts eines Fahrzeugs. [Dissertation], Karlsruher Institut für Technologie. Hannover, Karlsruhe: Technische Informationsbibliothek u. Universitätsbibliothek; KIT Scientific Publishing; 2012.

50. International Organization for Standardization (ISO). ISO 8608:1995(E) Mechanical vibration - Road surface profiles - Reporting of measured data.

51. Isermann R. Fahrdynamik-Regelung: Modellbildung, Fahrerassistenz-systeme, Mechatronik. Wiesbaden: Friedr. Vieweg & Sohn Verlag | GWV Fachverlage GmbH; 2006.

52. Isidori A. Nonlinear control systems. 3rd ed. Berlin: Springer-Verlag; 2002.

53. Jarzebowska E. Model-Based Tracking Control of Nonlinear Systems. Boca Raton: CRC Press Taylor & Francis Group; 2012.

54. Kelly R, Santibanez V, Loria A. Control of Robot Manipulators in Joint Space. London: Springer-Verlag; 2005.

55. Keßler B. Bewegungsgleichungen für Echtzeitanwendungen in der Fahr-zeugdynamik [Dissertation]. Stuttgart: Universität Stuttgart; 1989.

56. Khalil HK. Nonlinear Systems: Third Edition. 3rd ed. New Jersey: Prentice Hall; 2002.

57. Knobel C. Optimal Control Allocation for Road Vehicle Dynamics using Wheel Steer Angles, Brake/Drive Torques, Wheel Loads and Camber Angles [Dissertation]. München: Technische Universität München; 2008.

58. König L. Ein virtueller Testfahrer für den querdynamischen Grenzbereich. [Dissertation], Universität Stuttgart. Renningen: Expert-Verlag; 2009.

59. König L, Schindele F, Zimmermann A. ITC – Integrated traction control for sports car applications. In: Bargende M, Reuss H-C, Wiedemann J, editors. 19. Internationales Stuttgarter Symposium: Automobil- und Motorentechnik. 1st ed. Wiesbaden: Springer Fachmedien Wiesbaden; Springer Vieweg; 2019.

60. König L, Walter T, Gutmayer B, Merlein D. Integrated Vehicle Dynamics Control – an optimized approach for linking multiple chassis actuators. In: Bargende M, Reuss H-C, Wiedemann J, editors. 14. Internationales Stuttgarter Symposium: Automobil- und Motorentechnik. Wiesbaden: Springer Vieweg; 2014. p. 139–150.

61. Köppern J. Fahrzeugsteuerung mittels Modellinversion. Forschung im Ingenieurwesen. 2017;81:33–40.

62. Kortüm W, Lugner P. Systemdynamik und Regelung von Fahrzeugen: Einführung und Beispiele. Berlin, Heidelberg: Springer-Verlag; 1994.

63. Kortüm W, Schiehlen W. General Purpose Vehicle System Dynamics Software Based on Multibody Formalisms. Vehicle System Dynamics. 1985;14:229–63.

64. Kortüm W, Sharp RS, editors. Multibody computer codes in vehicle system dynamics. Amsterdam: Swets & Zeitlinger; 1993.

65. Kracht FE, Zhao Y, Schramm D, Hesse B, Unterreiner M. Development of a chassis model including elastic behavior for real-time applications. In: 6th International Munich Chassis Symposium 2015. p. 257–281.

66. Krantz W. An advanced approach for predicting and assessing the driver's response to natural crosswind. [Dissertation], Universität Stuttgart. Renningen: Expert-Verlag; 2012.

67. Krstić M, Kanellakopoulos I, Kokotović PV. Nonlinear and Adaptive Control Design. New York: John Wiley & Sons; 1995.

68. Kunert A, Chucholowski C, Gnandt C, Weber B. Echtzeitfaehige Achsmodelle: Praxisbeispiele von der Konzeptstudie bis zur Validierung: Real-time-capable suspension models: Applications from case-study to validation. VDI-Bericht. 2005.

69. Kunnappillil Madhusudhanan A, Corno M, Holweg E. Sliding mode-based lateral vehicle dynamics control using tyre force measurements. Vehicle System Dynamics. 2015;53:1599–619.

70. Laabs K. Reifenkraftregler für einen Fahrzeugdynamikprüfstand [Masterarbeit]. Stuttgart: Universität Stuttgart; 2019.

71. Laamouri R. Kompensation der Aktuatordynamik des Fahrzeugdynamikprüfstands durch prädiktive Regelungsverfahren [Bachelorarbeit]. Stuttgart: Universität Stuttgart; 2019.

72. Lahti M. Suspension-Tire-Behavior Models [Dissertation]. Wien: Technische Universität Wien; 2012.

73. Lang H-P. Kinematik-Kennfelder in der objektorientierten Mehrkörpermodellierung von Fahrzeugen mit Gelenkelastizitäten [Dissertation]. Duisburg: Universität-Gesamthochschule Duisburg; 1997.

74. Langer W. Validation of Flat Surface Roadway Technology. SAE Technical Paper Series. 1995.

75. Langer W. Vehicle Testing with Flat Surface Roadway Technology. SAE Technical Paper Series. 1996.

76. Langer W, Ballard R. Development and Use of Laboratory Flat Surface Roadway Technology. SAE Technical Paper Series. 1993.

77. Lantos B, Márton L. Nonlinear Control of Vehicles and Robots. London: Springer-Verlag; 2011.

78. Lefeber AAJ. Tracking Control of Nonlinear Mechanical Systems [Dissertation]. Twente: Universität Twente; 2000.

79. Levine WS. Control System Advanced Methods: The Control Handbook. 2nd ed. Boca Raton, Fla.: CRC Press; 2011.

80. Lévine J. Analysis and Control of Nonlinear Systems: A Flatness-based Approach. Berlin Heidelberg: Springer-Verlag; 2009.

81. Lewis FL, Dawson DM, Abdallah CT. Robot Manipulator Control: Theory and Practice. 2nd ed. New York, Basel: Marcel Dekker, Inc.; 2004.

82. Liu J, Wang X. Advanced Sliding Mode Control for Mechanical Systems: Design, Analysis and MATLAB Simulation. Berlin, Heidelberg: Springer-Verlag; 2012.

83. Löber J. Optimal Trajectory Tracking of Nonlinear Dynamical Systems. [Dissertation], Universität Berlin. Berlin: Springer International Publishing; 2017.

84. Lunze J. Regelungstechnik 2: Mehrgrößensysteme, Digitale Regelung. 7th ed. Berlin, Heidelberg: Springer Vieweg; 2013.

85. Lunze J. Regelungstechnik 1: Systemtheoretische Grundlagen, Analyse und Entwurf einschleifiger Regelungen. 10th ed. Berlin Heidelberg: Springer Vieweg; 2014.

86. Mäder D. Simulationsbasierte Grundauslegung der Fahrzeug-Querdynamik unter Berücksichtigung von Erfahrungswissen in der Fahrdynamikent-

wicklung. [Dissertation], Universität Kaiserslautern. Kaiserslautern: Verlag Dr. Hut; 2012.

87. Martyr A, Plint MA. Engine testing: Theory and practice. 3rd ed. Oxford: Elsevier Butterworth-Heinemann; 2007.

88. Matschinsky W. Radführungen der Straßenfahrzeuge: Kinematik, Elasto-Kinematik und Konstruktion. 3rd ed. Berlin, Heidelberg: Springer-Verlag; 2007.

89. Merziger G, Mühlbach G, Wille D, Wirth T. Formeln + Hilfen zur höheren Mathematik. 5th ed. Springe: Binomi-Verlag; 2007.

90. Meywerk M. CAE-Methoden in der Fahrzeugtechnik. Berlin, New York: Springer-Verlag; 2007.

91. Mihailescu A. Effiziente Umsetzung von Querdynamik-Zieleigenschaften durch Fahrdynamikregelsysteme. [Dissertation], RWTH Aachen. Aachen: Forschungsgesellschaft Kraftfahrwesen; 2016.

92. Milliken WF, Milliken DL. Race car vehicle dynamics. 14th ed. Warrendale, Pa.: Society of Automotive Engineers; 1995.

93. Mitschke M, Wallentowitz Henning. Dynamik der Kraftfahrzeuge. 5th ed. Wiesbaden: Springer Vieweg; 2014.

94. Mönnich W. Vorsteuerungsansätze für Modellfolgesysteme: Institutsbericht IB 111.1999/20. Braunschweig: Deutsches Zentrum für Luft- und Raumfahrt e.V.; 1999.

95. Mousavinejad E, Han Q-L, Yang FY, Zhu Y, Vlacic L. Integrated control of ground vehicles dynamics via advanced terminal sliding mode control. Vehicle System Dynamics. 2016;55:268–94.

96. Mousavinejad I, Zhu Y, Vlacic L. Control Strategies for Improving Ground Vehicle Stability. IEEE. 2015.

97. Murrenhoff H, Liermann M. Servohydraulik - geregelte hydraulische Antriebe: Umdruck zur Vorlesung. 3rd ed. Aachen: Shaker; 2008.

98. Narendra KS, Annaswamy AM. Stable Adaptive Systems. Mineola, New York: Dover Publications, Inc.; 2012.

99. Neubeck J. Next Generation Evaluation Methods in Vehicle Dynamics. Stuttgart Shanghai Symposium, Shanghai; 2016.

100. Neubeck J. Handling Roadway System - Next Generation 3D Vehicle Dynamics Test System. Test Facility Forum, Frankenthal; 2018.

101. Neubeck J. Fahreigenschaften des Kraftfahrzeugs II [Vorlesung]. Stuttgart: Universität Stuttgart; Sommersemester 2019.

102. Nguyen M-T. Subjektive Wahrnehmung und Bewertung fahrbahninduzierter Gier- und Wankbewegungen im virtuellen Fahrversuch [Dissertation in Vorbereitung]. Stuttgart: Universität Stuttgart; 2019.

103. Nikravesh PE. An overview of several formulations for multibody dynamics. D.Talaba and T. Roche (eds) Product Engineering, Springer:189–226.

104. Normenausschuss Automobiltechnik (NAAutomobil) im DIN. DIN ISO 8855:2013-11 Straßenfahrzeuge – Fahrzeugdynamik und Fahrverhalten – Begriffe.

105. Normenausschuß Kraftfahrzeuge (FAKRA) im DIN Deutsches Institut für Normung e.V. DIN ISO 7401:1989 Straßenfahrzeuge Testverfahren für querdynamisches Übertragungsverhalten.

106. Normenausschuß Kraftfahrzeuge (FAKRA) im DIN Deutsches Institut für Normung e.V. DIN ISO 7975: 1987 Bremsen in der Kurve.

107. Normey-Rico JE, Camacho EF. Control of Dead-time Processes. London, Berlin, Heidelberg: Springer-Verlag; 2007.

108. Orend R. Integrierte Fahrdynamikregelung mit Einzelradaktorik: Ein Konzept zur Darstellung des fahrdynamischen Optimums. [Dissertation], Universität Erlangen-Nürnberg. Aachen: Shaker; 2007.

109. Pacejka HB, Besselink I. Tire and vehicle dynamics. 3rd ed. Amsterdam, Boston: Elsevier Butterworth-Heinemann; 2012.

110. Paulweber M, Lebert K. Mess- und Prüfstandstechnik. Wiesbaden: Springer Vieweg; 2014.

111. Peperhowe M, Haupt H, Liem K, Schindler W. Efficient Testing of Controller-Influenced Vehicle Dynamics. IFAC Proceedings Volumes. 2013;46:671–6.

112. Pietruszka WD. MATLAB und Simulink in der Ingenieurpraxis: Modellbildung, Berechnung und Simulation. 4th ed. Wiesbaden: Springer Vieweg; 2014.

113. Popp K, Schiehlen W, editors. Fahrzeugdynamik: Eine Einführung in die Dynamik des Systems Fahrzeug - Fahrweg; mit 27 Beispielen. Stuttgart: Teubner; 1993.

114. Rill G. Simulation von Kraftfahrzeugen. Regensburg: Vieweg-Verlag (genehmigter Nachdruck); 2007.

115. Rill G. Road Vehicle Dynamics: Fundamentals and Modeling. Boca Raton, London, New York: CRC Press Taylor & Francis Group; 2012.

116. Rill G, Schaeffer T. Grundlagen und Methodik der Mehrkörpersimulation. 2nd ed. Wiesbaden: Springer Vieweg; 2014.

117. Saraf MR, Jambhale MS, Pawar PR, Shaikh A, Dwivedi S, Boone F, et al. Integration of Real and Virtual Tools for Suspension Development. In: SAE International400 Commonwealth Drive, Warrendale, PA, United States, editor; JAN. 19, 2011; 2011.

118. Sayers MW. Vehicle Models for RTS Applications. Vehicle System Dynamics. 1999;32:421–38.

119. Sayers MW, Han D. A Generic Multibody Vehicle Model for Simulating Handling and Braking. Vehicle System Dynamics. 1996;25:599–613.

120. Schiehlen W, editor. Multibody Systems Handbook. Berlin, Heidelberg: Springer-Verlag; 1990.

121. Schiehlen W, Eberhard P. Technische Dynamik: Rechnergestützte Modellierung mechanischer Systeme im Maschinen- und Fahrzeugbau. 4th ed. Wiesbaden: Springer Vieweg; 2014.

122. Schnelle K-P. Simulationsmodelle für die Fahrdynamik von Personenwagen unter Berücksichtigung der nichtlinearen Fahrwerkskinematik. [Dissertation], Universität Stuttgart. Düsseldorf: VDI-Verlag; 1990.

123. Schramm D, Hiller M, Bardini R. Modellbildung und Simulation der Dynamik von Kraftfahrzeugen. 2nd ed. Berlin, Heidelberg: Springer-Verlag; 2013.

124. Schultz G, Tong, I., Kefauver, K., Ishibashi J. Steering and handling testing using roadway simulator technology. International Journal of Vehicle Systems Modelling and Testing. 2005:32–47.

125. Schütz T. Fahrzeugaerodynamik: Basiswissen für das Studium. Wiesbaden: Springer Vieweg; 2016.

126. Shtessel Y, Edwards C, Fridman L, Levant A. Sliding Mode Control and Observation. New York, Heidelberg: Springer-Verlag; 2014.

127. Silva CW de. Sensors and Actuators: Engineering System Instrumentation, Second Edition. 2nd ed. Hoboken: CRC Press; 2015.

128. Skogestad S, Postlethwaite I. Multivariable feedback control: Analysis and design. 2nd ed. Chichester: John Wiley & Sons; 2007.

129. Slotine J-JE. Tracking Control of Nonlinear Systems using Sliding Surfaces [Dissertation]. Boston: Massachusetts Institute of Technology; 1983.

130. Slotine J-JE. Sliding controller design for non-linear systems. International Journal of Control. 1984;40:421–34.

131. Slotine J-JE. The Robust Control of Robot Manipulators. The International Journal of Robotics Research. 1985;4.

132. Slotine J-JE, Coetsee JA. Adaptive sliding controller synthesis for nonlinear systems. International Journal of Control. 1986;43:1631–51.

133. Slotine J-JE, Li W. Applied Nonlinear Control. Englewood Cliffs, New Jersey: Prentice Hall; 1991.

134. Slotine J-JE, Sastry SS. Tracking control of non-linear systems using sliding surfaces, with application to robot manipulators. International Journal of Control. 1983;38:465–92.

135. Spong MW, Hutchinson S, Vidyasagar M. Robot Modeling and Control. Hoboken, NJ: John Wiley & Sons; 2006.

136. Thümmel M. Modellbasierte Regelung mit nichtlinearen inversen Systemen und Beobachtern von Robotern mit elastischen Gelenken [Dissertation]. München: Technische Universität München; 2006.

137. Ting Wel-En, Lin J-S. Nonlinear control design of anti-lock braking systems with assistance of active suspension. IET Control Theory & Applications. 2007;1:343–8.

138. Tobolar J. Reduktion von Fahrzeugmodellen zur Echtzeitsimulation [Dissertation]. Prag: Universität Prag; 2004.

139. U.S. Department of Transportation - National Highway Traffic Safety Administration. Federal Motor Vehicle Safety Standards: Electronic Stability Control Systems; Controls and Displays 2007. Washington.

140. Uchida TK. Real-time Dynamic Simulation of Constrained Multibody Systems using Symbolic Computation [Dissertation]. Waterloo, Ontario: University of Waterloo; 2011.

141. Unbehauen H. Regelungstechnik I: Klassische Verfahren zur Analyse und Synthese linearer kontinuierlicher Regelsysteme, Fuzzy-Regelsysteme. 15th ed. Wiesbaden: Vieweg+Teubner Verlag / GWV Fachverlage GmbH Wiesbaden; 2008.

142. Vidyasagar M. Nonlinear systems analysis. 2nd ed. Englewood Cliffs, N.J: Prentice Hall; 1993.

143. Vietinghoff A von. Nichtlineare Regelung von Kraftfahrzeugen in querdynamisch kritischen Fahrsituationen. [Dissertation], Karlsruher Institut für Technologie (damals Universität Karlsruhe TH). Karlsruhe: Universitäts-Verlag Karlsruhe; 2008.

144. Vold H, Crowley J, Rocklin TG. New Ways of Estimating Frequency Response Functions. Sound & Vibration. 18;1984:34-48.

145. Watanabe Y, Sayers MW. The effect of nonlinear suspension kinematics on the simulated pitching and rolling dynamic behavior of cars. Vehicle System Dynamics. 2004;41:23–32.

146. Welch P. The use of Fast Fourier Transform for the estimation of power spectra: A method based on time averaging over short, modified periodograms. IEEE Transactions on Audio and Electroacoustics. 1967;15:70-73.

147. Wiedemann J. Fahreigenschaften des Kraftfahrzeugs I [Vorlesung]. Stuttgart: Universität Stuttgart; Wintersemester 2017/2018.

148. Wiesebrock A. Ein universelles Fahrbahnmodell für die Fahrdynamiksimulation. [Dissertation], Universität Stuttgart. Stuttgart: Springer Fachmedien Wiesbaden; 2016.

149. Wiesebrock A, Neubeck J, Wiedemann J. Universal tire-road-model for advanced vehicle dynamic application. 11th Stuttgart International Symposium - Automotive and Engine Technology. 2011;1:329–43.

150. Willumeit H-P. Modelle und Modellierungsverfahren in der Fahrzeugdynamik. Stuttgart, Leipzig: Teubner; 1998.

151. Wit CC, Siciliano B, Bastin G. Theory of Robot Control. London: Springer-Verlag; 1996.

152. Wittenburg J. Dynamics of Multibody Systems. 2nd ed. Berlin, Heidelberg: Springer-Verlag; 2008.

153. Woernle C. Mehrkörpersysteme: Eine Einführung in die Kinematik und Dynamik von Systemen starrer Körper. 2nd ed. Berlin, Heidelberg: Springer Vieweg; 2016.

154. Xie C, Altsinger R, Kunert A. Messdatenbasierte Fahrdynamiksimulation. ATZ - Automobiltechnische Zeitschrift. 2009;111:274–80.

155. Yang L, Yang J. Nonsingular fast terminal sliding-mode control for nonlinear dynamical systems. Int. J. Robust Nonlinear Control. 2011;21:1865–79.

156. Zeile S. Modellierung und Regelung der Hydraulikaktuatoren eines Fahrdynamikprüfstands [Bachelorarbeit]. Stuttgart: Universität Stuttgart; 2019.

157. Zeitvogel D, Ahlert A, Krantz W, Neubeck J, Wiedemann J, Ford B, Wilbur K. An Innovative Test System for Holistic Vehicle Dynamics Testing. SAE Technical Paper. 2019.

158. Zhou H, Liu Z. Vehicle Yaw Stability-Control System Design Based on Sliding Mode and Backstepping Control Approach. IEEE Transactions on Vehicular Technology. 2010;59:3674–8.

·Während der Forschungstätigkeiten zur vorliegenden Dissertation wurden über 30 studentische Arbeiten betreut. Besonders die folgenden Bachelor-, Studien- und Masterarbeiten trugen zu den Inhalten und der Entstehung dieser Arbeit bei:

- Acar E. Validierung und Optimierung eines 5-Massen-Modells [Bachelorarbeit]. Universität Stuttgart; 2018.
- Großmann C. Optimierung und Erweiterung der Reifenmodellierung für die Fahrdynamiksimulation [Studienarbeit]. Universität Stuttgart; 2018.
- Höller P. Implementierung eines Reifenmodells für die Mehrkörper- und Fahrdynamiksimulation [Masterarbeit]. Universität Stuttgart; 2017.
- Kernstock B. Regelung der Fahrzeugquerdynamik in Prüfstandsumgebung durch Ansätze der Optimalsteuerung und Modell-Prädiktion [Bachelorarbeit]. Universität Stuttgart; 2016.
- Laabs K. Reifenkraftregler für einen Fahrzeugdynamikprüfstand [Masterarbeit]. Universität Stuttgart; 2019.
- Laamouri R. Kompensation der Aktuatordynamik des Fahrzeugdynamikprüfstands durch prädiktive Regelungsverfahren [Bachelorarbeit]. Universität Stuttgart; 2019.
- Mao M. Optimierung und Erweiterung einer Modellbibliothek für die Fahrdynamik [Masterarbeit]. Universität Stuttgart; 2017.
- Schäfer F. Modellierung und Analyse der Querdynamikregelung für einen Fahrzeugdynamikprüfstand [Bachelorarbeit]. Universität Stuttgart; 2016.
- Stoppler M. Entwicklung einer Regelung für ein Fahrzeugdynamik-Prüfstandsystem [Masterarbeit]. Universität Stuttgart; 2018.
- Zeile S. Modellierung und Regelung der Hydraulikaktuatoren eines Fahrdynamikprüfstands [Bachelorarbeit]. Universität Stuttgart; 2019.
- Zeller S. Optimierung und Erweiterung einer Modellbibliothek zur Fahrdynamiksimulation von Kraftfahrzeugen [Masterarbeit]. Universität Stuttgart; 2017.
- Zheng L. Konzeption und Implementierung eines kennfeldorientierten Fahrwerkmodells in SIMPACK [Studienarbeit]. Universität Stuttgart; 2016.
- Zheng L. Entwicklung und Implementierung eines echtzeitfähigen 5-Massen-Modells für Fahrdynamikanwendungen [Masterarbeit]. Universität Stuttgart; 2017.
- Zhou Y. Modellierung, Integration und Simulation unterschiedlicher Lenkungsmodelle für ein Gesamtfahrzeugmodell [Studienarbeit]. Universität Stuttgart; 2017.

Vielen Dank an alle beteiligten Studenten für die umfangreiche und erfolgreiche Unterstützung sowie Zusammenarbeit.

Anhang

A1. Weitere Abbildungen

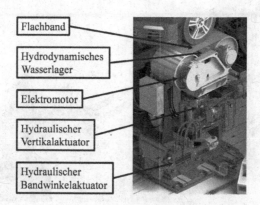

Abbildung A.1: Eine Flachbandeinheit mit ihren Hauptkomponenten

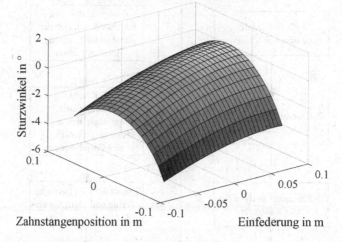

Abbildung A.2: Beispiel eines Kinematik-Kennfelds für den Sturzwinkel einer gelenkten Radaufhängung

© Springer Fachmedien Wiesbaden GmbH, ein Teil von Springer Nature 2020
A. Ahlert, *Ein modellbasiertes Regelungskonzept für einen Gesamtfahrzeug-Dynamikprüfstand*, Wissenschaftliche Reihe Fahrzeugtechnik Universität Stuttgart, https://doi.org/10.1007/978-3-658-30099-9

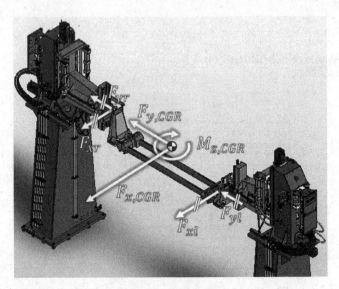

Abbildung A.3: CGR summarische Reaktionsgrößen

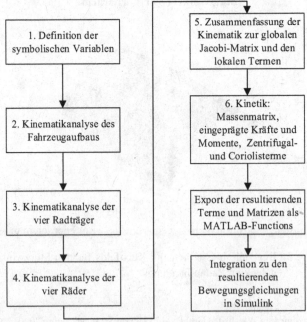

Abbildung A.4: Prozess zur Herleitung der Bewegungsgleichungen

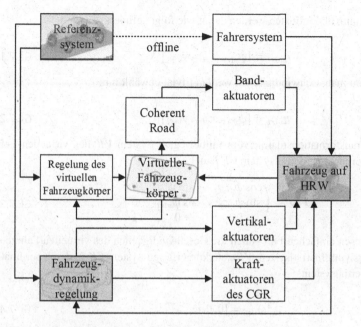

Abbildung A.5: Verdeutlichung der Simulationsanalyse innerhalb des modularen, erweiterten Regelungskonzepts

A2. Modellierung eines virtuellen Fahrzeugkörpers zur Abbildung der gesperrten Freiheitsgrade

Wie bereits erwähnt, sind die Freiheitsgrade Längs-, Quer- und Geierbewegung des Fahrzeugs auf dem HRW gesperrt. Deshalb werden diese Freiheitsgrade dem virtuellen Fahrzeugkörper gegeben. Dabei wird der virtuelle Fahrzeugkörper als einfacher, ebener Quader betrachtet, der sich in x- und y-Richtung frei bewegen sowie um die z-Achse drehen kann. Es handelt sich damit aus MKS-Sicht um ein freies System. In Abgrenzung zum Prüfstandmodell wird das Inertialsystem des virtuellen Körpers im Folgenden als VE-System und das körperfeste (verdrehte) System als VK-System bezeichnet. Bei Größen ohne genauere Bezeichnung wird das VE-System angenommen. Zur Beschreibung der Lagegrößen des virtuellen Körpers wird in x-Richtung die Koordinate x_{virt} und in y-Richtung y_{virt} verwendet. Für die Beschreibung der Gierbewegung wird die Koordinate ψ_{virt} verwendet.

Die Minimalkoordinaten werden damit wie folgt definiert:

$$q_{virt} = [\psi_{virt}, x_{virt}, y_{virt}]^T \qquad \text{Gl. 7.1}$$

Die Minimalgeschwindigkeiten werden trivial gewählt mit:

$$\eta_{virt} = [\dot{\psi}_{virt}, \dot{x}_{virt}, \dot{y}_{virt}]^T \qquad \text{Gl. 7.2}$$

Die Transformationsmatrix vom mitbewegten System VK des virtuellen Fahrzeugkörpers ins Inertialsystem VE lautet:

$$^{VE}T_{VK} = \begin{pmatrix} \cos\psi_{virt} & -\sin\psi_{virt} & 0 \\ \sin\psi_{virt} & \cos\psi_{virt} & 0 \\ 0 & 0 & 1 \end{pmatrix} \qquad \text{Gl. 7.3}$$

Für diesen einfachen Fall lauten die Geschwindigkeiten des virtuellen Fahrzeugkörpers vom Inertialsystem $V\dot{E}$ zum körperfesten System VK in den Koordinaten des Inertialsystems

$$^{VE}\omega_{VK} = [0, 0, \dot{\psi}_{virt}]^T \qquad \text{Gl. 7.4}$$

und

$$^{VE}_{VE}v_{VK} = [\dot{x}_{virt}, \dot{y}_{virt}, 0]^T. \qquad \text{Gl. 7.5}$$

Dabei wird die Konvention verwendet, dass der Index oben links das Koordinatensystem angibt, in denen die Vektoren angegeben werden. Die Koordinatensysteme unten links und rechts deuten an, von welchem und zu welchem Koordinatensystem der Vektor zeigt. Diese Konvention ist an Schramm [123] angelehnt.

Daraus ergibt sich die Jacobi-Matrix des virtuellen Fahrzeugkörpers:

$$J_{virt} = \begin{bmatrix} \dfrac{\partial\, ^{VE}\omega_{VK}}{\partial\eta_{virt}} \\[2mm] \dfrac{\partial\, ^{VE}_{VE}v_{VK}}{\partial\eta_{virt}} \end{bmatrix} = \begin{bmatrix} 0 & 0 & 0 \\ 0 & 0 & 0 \\ 1 & 0 & 0 \\ 0 & 1 & 0 \\ 0 & 0 & 1 \\ 0 & 0 & 0 \end{bmatrix} \qquad \text{Gl. 7.6}$$

Nun wird die Massenmatrix des virtuellen Fahrzeugkörpers aufgestellt, um die Bewegungsgleichungen formulieren zu können. Da der virtuelle Fahrzeugkörper ein Ersatzmodell des realen Gesamtfahrzeugs darstellt, müssen dementsprechend seine Masse und Trägheit der des Gesamtfahrzeugs entsprechen.

Der vereinfachte Vektor ${}^{VK}_{VK}r_{virt,RM,i}$ vom Schwerpunkt des virtuellen Fahrzeugkörpers zur Radnabe ist im mitbewegten Koordinatensystem konstant und definiert durch

$$ {}^{VK}_{VK}r_{virt,RM,i} = [x_{RM,i}, y_{RM,i}, 0]^T. \qquad \text{Gl. 7.7} $$

Diese Vereinfachung ist zulässig, da der Einfluss gering ist und die Unterschiede der Dynamik des virtuellen Fahrzeugkörpers zur Dynamik auf der Straße ohnehin im erweiterten Regelungskonzept perfekt kompensiert werden können. Um den virtuellen Fahrzeugkörper mit dem HRW zu koppeln, sind zwei unterschiedliche Varianten denkbar, die Kopplung über die Reaktionskräfte im CGR oder über Reifenkräfte in der Radnabe.

Zum einen kann man die Reaktionskräfte $F_{x,CGR}$, $F_{y,CGR}$ und das Reaktionsmoment $M_{z,CGR}$ über die Sensoren des CGR messen und dem Fahrzeugkörper aufprägen. Die Reaktionsgrößen greifen im Schwerpunkt des Fahrzeugs an und werden dementsprechend auch auf den Schwerpunkt des virtuellen Körpers eingeprägt. Der dazugehörige Kraftwinder der CGR-Reaktionsgrößen ist wie folgt definiert:

$$ {}^{CGR}\hat{f}_{coupl,CGR} = [0,0, M_{z,CGR}, F_{x,CGR}, F_{y,CGR}, 0]^T = [M_{CGR}, F_{CGR}]^T \qquad \text{Gl. 7.8} $$

Entsprechend der verwendeten Methodik muss der dazugehörige Kraftwinder noch in das Inertialsystem des virtuellen Fahrzeugkörpers transformiert werden:

$$ \hat{f}_{coupl,CGR} = \begin{bmatrix} {}^{VE}T_{VK}\,M_{CGR} \\ {}^{VE}T_{VK}\,F_{CGR} \end{bmatrix} \qquad \text{Gl. 7.9} $$

Die zweite Variante für die Kopplung mit dem HRW ist es, die Reifenkräfte zu verwenden und diese durch Messefelgen zu messen. In diesem Fall werden die Reifenkräfte den jeweiligen, entsprechenden Radnaben des virtuellen Körpers eingeprägt. Diese Möglichkeit ist erst durch die Erweiterung des bestehenden Regelungskonzepts gegeben. Die Messefelgen liefern den vollständigen Kraftwinder pro Reifen i:

$$ \begin{aligned} {}^{Tir}\hat{f}_{coupl,Tir,i} &= [M_{x,T,i}, M_{y,T,i}, M_{z,T,i}, F_{x,T,i}, F_{y,T,i}, F_{z,T,i}]^T \\ &= [{}^{Tir}M_{Tir,i}, {}^{Tir}F_{Tir,i}]^T \end{aligned} \qquad \text{Gl. 7.10} $$

Weil die Messfelgen die Reifenkräfte und -momente standardmäßig im TYDEX-C-System zur Verfügung stellen, müssen auch die Vorspur- und Sturzwinkel der Räder bekannt sein, um die Reifenkräfte in das fahrzeugaufbaufeste Koordinatensystem zu transformieren. Diese können entweder durch geeignete Sensorik wie Radstellungsmesseinheiten online ermittelt oder bei bekannten Raderhebungskurven aus dem aktuellen Einfederungszustand und ggf. der Zahnstangenposition im Betrieb errechnet werden. Nachfolgend wird die Formulierung der Reifenkräfte und -momente in der für die Bewegungsgleichungen geeigneten Form beispielhaft für den Reifen vorne links (*FL*) durchgeführt. Die beiden Transformationsmatrizen entsprechend der *z-x-y* Drehung der Radträger und sind definiert als:

$$T_3(\gamma_{C,FL}) = \begin{pmatrix} c\gamma_{C,FL} & -s\gamma_{C,FL} & 0 \\ s\gamma_{C,FL} & c\gamma_{C,FL} & 0 \\ 0 & 0 & 1 \end{pmatrix} \qquad \text{Gl. 7.11}$$

$$T_1(\alpha_{C,FL}) = \begin{pmatrix} 1 & 0 & 0 \\ 0 & c\alpha_{C,FL} & -s\alpha_{C,FL} \\ 0 & s\alpha_{C,FL} & c\alpha_{C,FL} \end{pmatrix} \qquad \text{Gl. 7.12}$$

Der dritte Winkel β_C ist nicht notwendig, da dieser für das TYDEX-C-System nicht definiert wird und in der Kalibrierung der Felge bereits berücksichtigt ist. Die resultierende Transformationsmatrix errechnet sich damit durch

$$^{VK}T_{Tir,FL} = T_3(\gamma_{FL})\,T_1(\alpha_{FL}) \qquad \text{Gl. 7.13}$$

Damit errechnen sich die Reifenkräfte im Inertialsystem des virtuellen Fahrzeugkörpers aus

$$F_{Tir,FL} = {}^{E}T_{VK}\,{}^{VK}T_{Tir,FL}\,{}^{Tir}F_{Tir,FL}. \qquad \text{Gl. 7.14}$$

Da die gewählten Koordinaten die Bewegung des Schwerpunkts des virtuellen Fahrzeugkörpers beschreiben, müssen bei den resultierenden Momenten auf den Schwerpunkt auch die Reifenkräfte unter Berücksichtigung des Versatzhebelarms vom Schwerpunkt zur Radnabe berücksichtigt werden. Daraus ergibt sich für das Gesamtmoment durch die Reifenkräfte vorne links im Inertialsystem

$$M_{Tir,FL} = {}^{VE}T_{VK}\left({}^{VK}T_{Tir,FL}\,{}^{Tir}M_{Tir,FL} + {}^{VK}_{VK}r_{virt,AP,FL}\cdots \right. \\ \left. \times \left({}^{VK}T_{Tir,FL}\,{}^{Tir}F_{Tir,FL}\right)\right). \qquad \text{Gl. 7.15}$$

Insgesamt erhält man für den resultierenden Kraftwinder bestehend aus allen Reifen aus

$$\hat{f}_{coupl,Tir} = \begin{bmatrix} \sum_i M_{Tir,i} \\ \sum_i F_{Tir,i} \end{bmatrix}.$$ Gl. 7.16

Neben dem Kopplungskraftwinder werden auch mögliche virtuelle Stellgrößen für die Regelung des virtuellen Körpers eingeführt, um die Dynamik dieses virtuellen Systems mit derselben Methodik beeinflussen zu können, wie das reale Fahrzeugsystem auf dem HRW. Diese Schnittstelle wird im erweiterten Regelungskonzept genutzt, um die Dynamik des virtuellen Fahrzeugkörpers an die Dynamik eines Fahrzeugs auf der Straße anzupassen. Hierfür wird der folgende virtuelle Regelungskraftwinder eingeführt, mit dem man die Freiheitsgrade des virtuellen Fahrzeugkörpers durch Kraftgrößen beeinflusst:

$$\hat{f}_{contr} = [0,0, M_{z,c}, F_{x,c}, F_{y,c}, 0]^T$$ Gl. 7.17

Insgesamt ergeben sich die auf den virtuellen Fahrzeugkörper wirkenden Kräfte $\hat{f}^e_{virt}$ aus der Summe des Regelungskraftwinders $\hat{f}_{contr} = \hat{u}_{virt}$, des virtuellen Aerodynamikkraftwinders $\hat{f}_{aero,virt}$ (siehe Abschnitt 5.1) und des Kopplungskraftwinders $\hat{f}_{coupl}$, wobei die Kopplungen entweder durch das CGR oder durch die Reifenkräfte erfolgt (Gl. 7.18).

$$\hat{f}^e_{virt} = \hat{f}_{contr} + \hat{f}_{coupl} + \hat{f}_{aero,virt}$$ Gl. 7.18

Die resultierenden Bewegungsgleichungen ergeben sich analog zum Fahrzeug auf dem HRW durch den nichtrekursiven Formalismus nach [153] durch

$$\underbrace{J^T_{virt}\hat{M}_{virt}J_{virt}}_{M_{virt}} \dot{\eta}_{virt} = J^T_{virt} \hat{f}^e_{virt}$$ Gl. 7.19

mit

$$M_{virt} = \begin{bmatrix} I^z_{virt} & 0 & 0 \\ 0 & m_{virt} & 0 \\ 0 & 0 & m_{virt} \end{bmatrix}$$ Gl. 7.20

Damit sind die Bewegungsgleichungen, Zustände und Schnittstellen des virtuellen Fahrzeugkörpers vollständig definiert. Die aus der Integration der Bewegungsgleichungen des virtuellen Fahrzeugkörpers errechneten Geschwindigkeiten der Radnaben werden nun dazu verwendet, um den Flachbandwinkel und Flachbandgeschwindigkeit zu stellen. Hierzu werden die Zustände des virtuellen Fahrzeugkörpers und der eingeführte Vektor $_{VK}^{VK}r_{virt,RM,i}$ genutzt. Die Absolutgeschwindigkeit im Inertialsystem errechnet sich mit den bekannten Formeln der Kinematik [123, 153] aus

$$_{VE}^{VE}v_{virt,RM,i} = {}_{VE}^{VE}v_{VK} + {}^{VE}\widetilde{\omega}_{VK}\left({}^{VE}T_{VK}\,{}_{VK}^{VK}r_{virt,RM,i}\right) \qquad \text{Gl. 7.21}$$

mit

$$^{VE}\widetilde{\omega}_{VK} = \begin{bmatrix} 0 & -\dot{\psi}_{virt} & 0 \\ \dot{\psi}_{virt} & 0 & 0 \\ 0 & 0 & 0 \end{bmatrix}. \qquad \text{Gl. 7.22}$$

Weil für die Stellgrößen des Flachbands die Geschwindigkeit im mitbewegten System des virtuellen Fahrzeugkörpers vorliegen muss, wird die errechnete Absolutgeschwindigkeit durch

$$_{VE}^{VK}v_{virt,RM,i} = \left({}^{VE}T_{VK}\right)^T {}_{VE}^{VE}v_{virt,RM,i} \qquad \text{Gl. 7.23}$$

transformiert. Die erhaltene vektorielle Geschwindigkeit

$$_{VE}^{VK}v_{virt,RM,i} = \left[v_{x,RM,i}, v_{y,RM,i}, 0\right]^T \qquad \text{Gl. 7.24}$$

wird nun in Winkel und Norm aufgeteilt, da dies die erforderlichen Stellgrößen für die Flachbandeinheit sind. Die Bandgeschwindigkeit und der Bandwinkel wird damit vorgegeben durch

$$v_{B,i} = \left\| {}_{VE}^{VK}v_{virt,RM,i} \right\| \qquad \text{Gl. 7.25}$$

$$\zeta_{B,i} = \arctan\left(\frac{v_{y,RM,i}}{v_{x,RM,i}}\right). \qquad \text{Gl. 7.26}$$

A3. Weitere Simulationsergebnisse

Schwellenüberfahrt in der Kurve

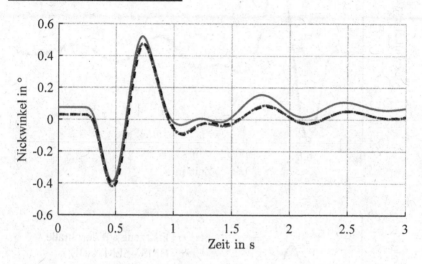

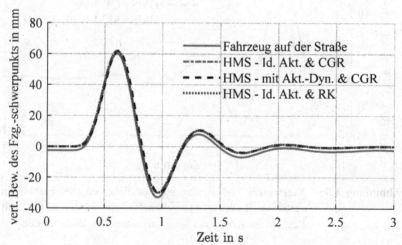

Abbildung A.6: Nickwinkel und Bewegung des Fahrzeugschwerpunkts in vertikaler Richtung, Schwellenüberfahrt in der Kurve, Verwendung des grundlegenden Funktionsprinzips

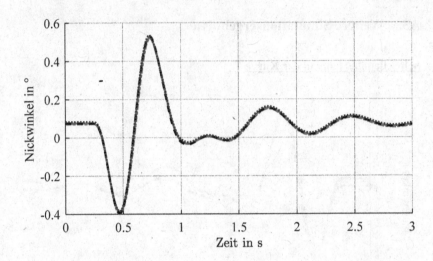

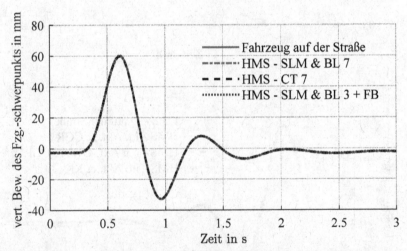

Abbildung A.7:   Nickwinkel und Bewegung des Fahrzeugschwerpunkts in vertikaler Richtung Schwellenüberfahrt in der Kurve, mit Reglern zur Komp. der systemdynamischen Unterschiede

Simulationsergebnisse zum Lenkradwinkelsprung bis in den nichtlinearen Reifenbetriebsbereich

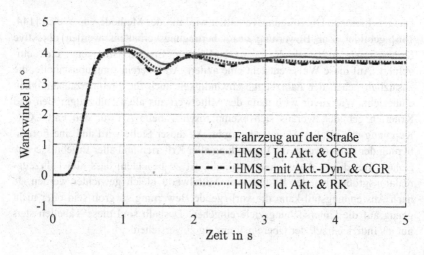

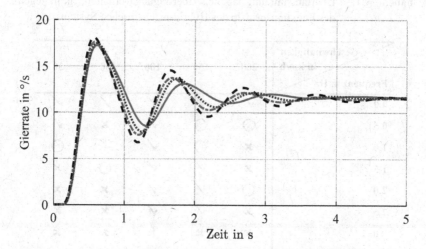

Abbildung A.8: Wankwinkel und Gierrate, Lenkradwinkelsprung bis in den nichtlinearen Reifenbetriebsbereich, konstante Längs-geschwindigkeit von 150 km/h, Verwendung des grundsätzlichen Funktionsprinzips

Simulationsergebnisse zum Übertragungsverhalten vom Lenkradwinkel zu den Fahrzeugreaktionsgrößen

Das resultierende Übertragungsverhalten wird mit der Methode von Welch [144, 146] gebildet. Zur Bewertung des Übertragungsverhaltens werden objektive Kriterien wie maximale Resonanzüberhöhung, Eigenkreisfrequenz, etc., eingeführt. Auf diese Weise entsteht eine andere Art Übereinstimmungtabelle, die zusätzlich neben der Fahrzeuggeschwindigkeit auch die Frequenzabhängigkeit einbezieht. Wie zuvor wird dann der Mittelwert aus allen Fahrzeuggrößen und Kriterien gebildet, woraus sich exemplarisch Tabelle A.1 für den Fall CGR-Kopplung mit idealen Aktuatoren ergibt. An dieser Stelle wird auf eine Formulierung der Zahlenwerte, die Darstellung aller Kriterien und aller Ergebnisse verzichtet. Bei dieser Auswertungsmethodik ist zu beachten, dass alle Fahrzeugreaktionsgrößen bei der Bildung der Mittelwerte gleich gewichtet werden. Je nach Anwendungsfall kann die vorliegende Bewertung zu grob sein oder nicht genug auf die Untersuchungsziele eingehen. Deshalb sind diese Tabellen stets nur als Indizien bzgl. der Übereinstimmung zu verstehen.

Tabelle A.1:   Übereinstimmungtabelle, Übertragungsverhalten, grundlegendes Funktionsprinzip des Hybrid-mechanischen Systems

Geschwindigkeit in km/h Frequenz in Hz	200	150	100	50	30
0,0	✓	✓	✓	✓	✓
0,5	O	O	✓	✗	✓
1,0	✗	O	✓	✓	O
1,5	✗	✓	✓	O	✗
2,0	O	✓	✓	✗	✗
2,5	✗	✓	✓	✗	✗
3,0	✗	✗	✗	✗	✗
3,5	✗	✗	✗	✗	✗
4,0	✗	✗	✗	✗	✗
4,5	✗	✗	✗	✗	✗
5,0	✗	✗	✗	✗	✗

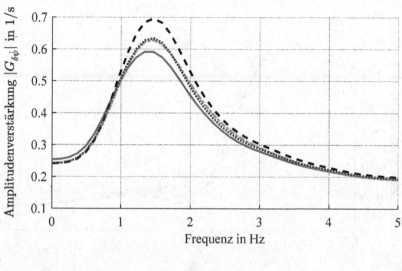

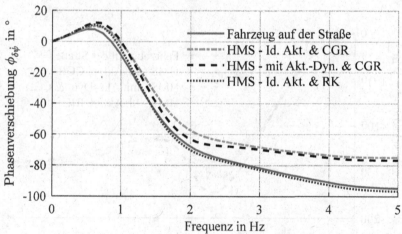

Abbildung A.9: Übertragungsverhalten der Gierrate als Reaktion auf eine Lenkradwinkeleingabe bei einer konstanten Geschwindigkeit von 200 km/h; a) Amplitudenverstärkung $|G_{\delta\psi}|$, b) Phasenverschiebung $\phi_{\delta\psi}$

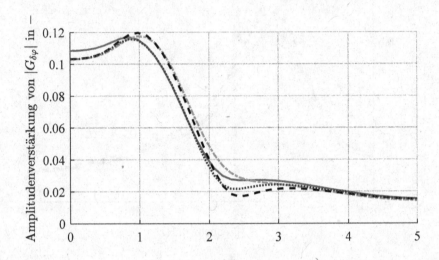

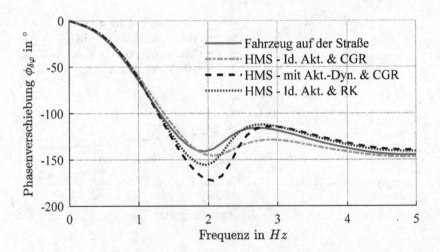

Abbildung A.10: Übertragungsverhalten des Wankwinkels als Reaktion auf eine Lenkradwinkeleingabe bei einer konstanten Geschwindigkeit von 200 km/h; a) Amplitudenverstärkung $|G_{\delta\varphi}|$, b) Phasenverschiebung $\phi_{\delta\varphi}$

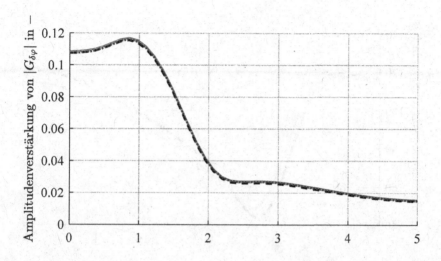

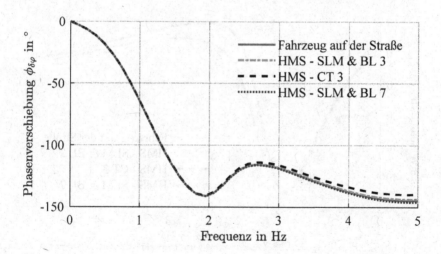

Abbildung A.11: Übertragungsverhalten des Wankwinkels als Reaktion auf eine Lenkradwinkeleingabe bei einer konstanten Geschwindigkeit von 200 km/h; a) Amplitudenverstärkung $|G_{\delta\varphi}|$, b) Phasenverschiebung $\phi_{\delta\varphi}$

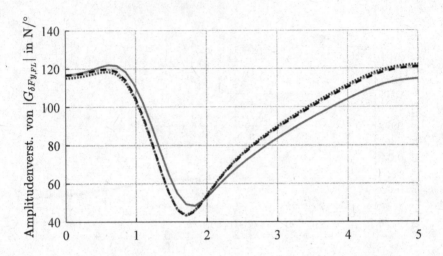

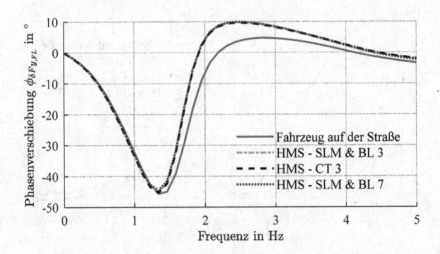

Abbildung A.12: Übertragungsverhalten der Reifenquerkraft FL, konstante Längsgeschwindigkeit von 200 km/h; a) Amplitudenverstärkung $\left|G_{\delta F_{y,FL}}\right|$, b) Phasenverschiebung $\phi_{\delta F,FL}$

A4. Stabilitätsbeweis unter Berücksichtigung von Unsicherheiten in der Eingangsmatrix

Nach Slotine [133] gehen die Parameterunsicherheiten der Eingangsmatrix G_c multiplikativ ein, während die Unsicherheiten der restlichen Terme additiv ein-gehen. Die additiven Terme wurden bereits in Abschnitt 5.3.5 abgeschätzt, weshalb auf eine erneute Darstellung verzichtet wird. Für die Eingangsmatrix wird die folgende Formulierung bzw. Abschätzung genutzt:

$$G_c = (I + \varepsilon)\overline{G}_c \qquad \text{Gl. 7.27}$$

Für die Abschätzung werden die einzelnen Einträge der Matrix ε nach oben abgeschätzt und begrenzt durch:

$$|\varepsilon_{ij}| \leq D_{ij} \qquad \text{Gl. 7.28}$$

Basierend auf Gl. 5.38 ergibt sich:

$$\dot{V}_L = s^T(-M\ddot{q}_r - C\dot{q}_r - g + f_e + (I + \varepsilon)\overline{G}_c u_c) \qquad \text{Gl. 7.29}$$

Dies wird weiter umformuliert mit Hilfe von Gl. 5.21 und dem Reglergesetz aus Gl. 5.40:

$$\dot{V}_L = s^T\left[-Y_r\theta + f_e + (I + \varepsilon)\left(\overline{G}_c\,\overline{G}_c^{-1}(Y_r\overline{\theta} - \overline{f}_e) - k\,sgn(s)\right)\right] \qquad \text{Gl. 7.30}$$

Die Querbalken deuten wie in Kapitel 5.3.5 die Modellabschätzung an. Weiteres Vereinfachen ergibt:

$$\dot{V}_L = s^T\left[Y_r\,\tilde{\theta} - \tilde{f}_e + \varepsilon(Y_r\,\overline{\theta} - \overline{f}_e) - k\,sgn(s) - \varepsilon\,k\,sgn(s)\right] \qquad \text{Gl. 7.31}$$

Diese Gleichung wird analog zu Kapitel 5.3.5 in eine Summenschreibweise überführt, wobei der Index i hinter der Klammer den jeweiligen Summeneintrag des Terms innerhalb der Klammer andeutet:

$$\dot{V}_L = \sum_{i=1}^{n}\left[Y_r\,\tilde{\theta} - \tilde{f}_e + \varepsilon(Y_r\,\overline{\theta} - \overline{f}_e) - k\,sgn(s) - \varepsilon\,k\,sgn(s)\right]_i s_i \qquad \text{Gl. 7.32}$$

Nun wird erneut die sliding condition

$$\dot{V}_L \leq -\sum_{i=1}^{n} \sigma_i |s_i| \qquad \text{Gl. 7.33}$$

für jeden Summeneintrag einzeln formuliert:

$$\left([Y_r]_i \, \tilde{\theta} - [\tilde{f}_e]_i + [\varepsilon]_i \left(Y_r \, \overline{\theta} - \overline{f}_e \right) \right) s_i - (1 + \varepsilon_{ii}) k_i |s_i| \dots$$
$$- \sum_{j \neq i} \varepsilon_{ij} k_j sgn(s_j) s_i \leq -\sigma_i |s_i| \qquad \text{Gl. 7.34}$$

Diese Ungleichung kann weiter umgestellt werden:

$$(1 + \varepsilon_{ii}) k_i |s_i| \geq \left([Y_r]_i \, \tilde{\theta} - [\tilde{f}_e]_i + [\varepsilon]_i \left(Y_r \, \overline{\theta} - \overline{f}_e \right) \right) s_i \dots$$
$$- \sum_{j \neq i} \varepsilon_{ij} k_j sgn(s_j) s_i + \sigma_i |s_i| \qquad \text{Gl. 7.35}$$

Teilen durch $|s_i|$, führt auf:

$$(1 + \varepsilon_{ii}) k_i \geq \left([Y_r]_i \, \tilde{\theta} - [\tilde{f}_e]_i + [\varepsilon]_i \left(Y_r \, \overline{\theta} - \overline{f}_e \right) \right) sgn(s_i) \dots$$
$$- \sum_{j \neq i} \varepsilon_{ij} k_j + \sigma_i \qquad \text{Gl. 7.36}$$

Diese Gleichung kann nun mit den bekannten Schritten aus z. B. Gl. 5.48 und Gl. 7.28 nach oben abgeschätzt werden:

$$(1 - D_{ii}) k_i \geq |[Y_r]_i| \, \tilde{\theta} + \left| [\tilde{f}_e]_i \right| + [D]_i \left(\left| Y_r \, \overline{\theta} - \overline{f}_e \right| \right) \dots$$
$$+ \sum_{j \neq i} D_{ij} k_j + \sigma_i \qquad \text{Gl. 7.37}$$

Um die Einträge des Vektors k eindeutig zu bestimmen, wird obige Gleichung erneut in die Matrix bzw. Vektorschreibweise überführt.

$$(I - D)k = |Y_r| \, \tilde{\theta} + |\tilde{f}_e| + D \left| Y_r \, \overline{\theta} - \overline{f}_e \right| + \sigma \qquad \text{Gl. 7.38}$$

Diese Gleichung stellt ein lineares Gleichungssystem für die Einträge des Vektors k in Abhängigkeit der Wahl der Einträge D_{ij} sowie σ_i dar, das zur Laufzeit eindeutig gelöst werden kann. Den Beweis hierzu liefert das Frobenius-Perron-Theorem [133]. Dadurch wird die Sliding-Bedingung erfüllt und der Stabilitätsnachweis mit der Argumentation aus Kapitel 5.3.5 gegeben.

A5. Parameterunsicherheiten zwischen Regler- und Streckenmodell

Das komplexe Fahrzeugmodell der Regelstrecke unterscheidet sich vom Fahrzeugmodell für den Reglerentwurf unter anderem durch die folgenden Punkte:

- Die Raderhebungskurven weisen insbesondere bei großen Hüben Unterschiede in der Kinematik auf, die hier nicht näher thematisiert werden können

- Die Elastokinematik wird beim Modell für die Regelung in dieser Arbeit bewusst vernachlässigt, um die dazugehörigen Unsicherheiten durch die unmodellierte Dynamik sowie Parameterunsicherheiten zu erhöhen

- Wie erwähnt ist die Abbildung der Regelstrecke durch das Modell aus Kapitel 4 für hochfrequente Vertikaldynamik ungenau

- Die Karosseriemasse ist bis auf 0,1 % genau, aber die Massenverteilung unterscheidet sich, was zu Unterschieden von ca. 3% bei den drei Hauptträgheitsmomenten (I_{xx}, I_{yy}, I_{zz}) führt

- Die Gesamtfahrzeug-Schwerpunktposition ist um 1 cm (1 %-Fehler) in Längsrichtung und um 3 cm (5 %-Fehler) in vertikaler Richtung versetzt

Printed in the United States
By Bookmasters